MATHEMATIK FÜR INGENIEURE, NATURWISSENSCHAFTLER, ÖKONOMEN UND LANDWIRTE · VORBEREITUNGSBAND

Herausgeber: Prof. Dr. O. Beyer, Magdeburg · Prof. Dr. H. Erfurth, Merseburg
Prof. Dr. O. Greuel † · Prof. Dr. H. Kadner, Dresden
Prof. Dr. K. Manteuffel, Magdeburg · Doz. Dr. G. Zeidler, Berlin

PROF. DR. W. SCHÄFER
OBERSTUDIENRAT K. GEORGI

Vorbereitung auf das Hochschulstudium

7. AUFLAGE

LEIPZIG
BSB B. G. TEUBNER VERLAGSGESELLSCHAFT
1989

Verantwortliche Herausgeber:

Dr. rer. nat. habil. Horst Kadner, ordentlicher Professor für Mathematische Kybernetik und Rechentechnik an der Technischen Universität Dresden

Dr. sc. nat. Karl Manteuffel, ordentlicher Professor für mathematische Methoden der Operationsforschung an der Technischen Universität „Otto von Guericke", Magdeburg

Autoren:

Dr. rer. nat. habil. Wolfgang Schäfer, ordentlicher Professor an der Technischen Hochschule Leipzig

Oberstudienrat Kurt Georgi, Technische Hochschule Leipzig

Schäfer, Wolfgang:
Vorbereitung auf das Hochschulstudium / W. Schäfer; K. Georgi. –
7. Aufl. – Leipzig: BSB Teubner, 1989. –
108 S.: 70 Abb.
(Mathematik für Ingenieure, Naturwissenschaftler, Ökonomen und Landwirte; Vorbereitungsband)
NE: Georgi, Kurt : ; GT

ISBN 3-322-00363-9

Math. Ing. Nat. wiss. Ökon. Landwirte, Vorbereitungsbd.
ISSN 0138-1318

7. Auflage
VLN 294-375/44/89 · LSV 1004
Lektor: Dorothea Ziegler
Printed in the German Democratic Republic
Gesamtherstellung: INTERDRUCK Graphischer Großbetrieb Leipzig,
Betrieb der ausgezeichneten Qualitätsarbeit, III/18/97
Bestell-Nr. 665 756 9
00600

Vorwort

Die Erfahrungen an Universitäten und Hochschulen zeigen, daß die neuimmatrikulierten Studenten häufig im Fach Mathematik gewisse Schwierigkeiten beim Übergang von der allgemeinbildenden Schule zur Hochschule haben. Diese Schwierigkeiten beziehen sich nicht in erster Linie auf die theoretischen Kenntnisse, sondern auf die Fertigkeiten bei der Anwendung elementarer mathematischer Gesetze.

Diese elementaren Schwierigkeiten im Fach Mathematik wirken sich auch negativ auf eine Reihe anderer Fächer aus, die die Anwendung der Mathematik erfordern.

Die Erfahrungen zeigen aber auch, daß bei einer zielgerichteten Vorbereitung auf das Hochschulstudium diese Schwierigkeiten weitgehend überwunden werden können.

Diejenigen Studenten, die sich mit Hilfe eines ähnlichen Vorbereitungsmaterials, wie es hier vorliegt, auf das Studium vorbereiteten, hatten einen wesentlich höheren Leistungsdurchschnitt als die übrigen Studenten, und das nicht nur im Fach Mathematik. Von den Studenten selbst wurde wiederholt auf den Wert einer solchen Studienvorbereitung hingewiesen.

Aus all diesen Gründen erfolgte die Erarbeitung des vorliegenden Vorbereitungsbandes. Er ist kein Lehrbuch der Elementarmathematik, sondern in erster Linie eine Zusammenstellung von Übungsaufgaben, durch deren selbständige Lösung der Studienbewerber sich zielgerichtet die o. g. notwendigen Fertigkeiten aneignen kann.

Die Lösungen sind für die Selbstkontrolle am Schluß zusammengestellt.

Die Übungsaufgaben sind in neun aus dem Inhaltsverzeichnis zu entnehmende Abschnitte eingeteilt. Es erschien den Verfassern sinnvoll, jedem dieser Abschnitte eine kurze Zielstellung, eine Zusammenstellung grundlegender Begriffe und Gesetze und einige Lehrbeispiele voranzustellen, um die Studenten auf das Wesentliche hinzuweisen. Die Zusammenstellung der grundlegenden Begriffe und Gesetze ist dem Anliegen dieses Übungsmaterials gemäß weder eine umfangreiche theoretische Abhandlung noch erhebt sie Anspruch auf Vollständigkeit. Es wird in diesem Zusammenhang auf die Lehrbücher und Tafelwerke für alle allgemeinbildenden Schulen hingewiesen ([1] bis [5]).

Zur Vertiefung einiger hier behandelter Gebiete sei aber auch auf andere Bände dieser Reihe ([6], [7]) hingewiesen. [6] ist bezüglich der Abschnitte 1, 3 und 9 zu empfehlen. Er führt insbesondere die komplexen Zahlen ein, während im vorliegenden Vorbereitungsband grundsätzlich mit reellen Zahlen gearbeitet wird. Ferner enthält er einen Abschnitt über Ungleichungen und Beträge, worauf hier verzichtet werden muß. [7] bezieht sich auf die Abschnitte 2 und 8.

Abschließend sollen noch einige Hinweise für das Arbeiten mit dem Vorbereitungsband gegeben werden. Zunächst sollte man anhand der den Aufgaben vorangestellten Zielstellung, grundlegenden Begriffe und Gesetze sowie Lehrbeispiele die theoretischen Grundlagen der einzelnen Abschnitte wiederholen. Dann sollte man rund 30% der Aufgaben jeder Aufgabengruppe vollständig lösen und anschließend diejenigen Abschnitte weiterbearbeiten, bei denen die größten Schwierigkeiten auftraten.

Wir möchten nicht versäumen, an dieser Stelle den Herren Prof. Dr. Manteuffel, Prof. Dr. Kadner, Prof. Dr. Bausch und Prof. Dr. Wenzel für die vielen wertvollen Hinweise und Anregungen zu danken.

Leipzig, Herbst 1975

Die Autoren

Vorwort zur 4. Auflage

Die ständig steigende Nachfrage dürfte darauf zurückzuführen sein, daß sich dieser Band nicht nur bei der individuellen Vorbereitung auf das Studium, sondern auch als Ergänzungs- und Übungsmaterial bei organisierten Formen der Vorbereitung (Vorbereitung von NVA-Angehörigen, Vorkurse usw.) bewährt hat.

In dieser Auflage wurden vor allem eine stärkere Angleichung an die übrigen Bände der MINÖL-Reihe hergestellt sowie Änderungen des Lehrplanes der Erweiterten Oberschule berücksichtigt. Das betrifft insbesondere die Bezeichnungen des 8. Kapitels, Vektorrechnung, sowie die Definition und Anwendung des Begriffes „Funktion" im 9. Kapitel. Mit *) werden Stoffgebiete gekennzeichnet, die nicht an den Oberschulen behandelt werden. Weiter wurden einige Bemerkungen über Kegelschnitte eingefügt, da diese nicht mehr im Lehrplan der Erweiterten Oberschule enthalten sind.

Leipzig, Juni 1981

Die Autoren

Vorwort zur 5. Auflage

Den Anregungen von Studenten, Lehrkräften und vor allem den Herausgebern folgend, haben wir – wiederum mit freundlicher Unterstützung des Verlages – die bisherigen Kapitel um ein weiteres, nämlich „10. Ungleichungen und Beträge", ergänzen können. Wir hoffen, daß dadurch die mit diesem Buch verbundene Zielstellung zukünftig noch besser realisiert werden kann.

Leipzig, Februar 1984

Die Autoren

Inhalt

1. Lineare Gleichungen mit einer Unbekannten

1.1. Zielstellung

Der vorliegende Abschnitt dient nicht nur der Lösung linearer Gleichungen mit einer Unbekannten, sondern auch der Übung elementarer mathematischer Umformungen.

Schwerpunkte dabei sind

- die vier Grundrechenarten mit reellen Zahlen (Multiplikation und Division von Klammerausdrücken, das Ausklammern gemeinsamer Faktoren aus Summen, die binomischen Formeln);
- die Bruchrechnung (Kürzen, Erweitern, Bestimmen von Hauptnenner, kleinstem gemeinsamen Vielfachen und größtem gemeinsamen Teiler);
- Formelumstellungen;
- Unmöglichkeit der Division durch null;
- Lösung von Sachaufgaben (s. [1] und [2]).

1.2. Grundlegende Begriffe und Gesetze

1.2.1. Grundgesetze des Rechnens mit reellen Zahlen

Die Grundgesetze des Rechnens mit reellen Zahlen wie Reflexivität, Symmetrie und Transitivität der Gleichheit sowie die Eindeutigkeits-, Kommutativ- und Assoziativgesetze der Addition und Multiplikation werden hier als bekannt vorausgesetzt. Wir geben nur einige wichtige abgeleitete Gesetze an:

$$\begin{aligned} a + (b \pm c) &= a + b \pm c, \\ a - (b \pm c) &= a - b \mp c, \\ a(b + c) &= ab + ac \quad \text{(Distributivgesetz)}, \\ (a + b)(c + d) &= ac + ad + bc + bd. \end{aligned} \tag{1.1}$$

1.2.2. Binomische Formeln

$$\begin{aligned} (a + b)^2 &= a^2 + 2ab + b^2, \\ (a - b)^2 &= a^2 - 2ab + b^2, \\ (a + b)(a - b) &= a^2 - b^2. \end{aligned} \tag{1.2}$$

Die allgemeine binomische Formel für $(a + b)^n$ soll hier nicht behandelt werden.

1.2.3. Bruchrechnung

$\frac{a}{b}$ hat nur einen Sinn für $b \neq 0$.

$$\frac{a}{c} \pm \frac{b}{c} = \frac{a \pm b}{c}, \quad c \neq 0. \tag{1.3}$$

(Vor Addition und Subtraktion müssen ungleichnamige Brüche durch Erweitern bzw. Kürzen erst auf den gleichen Nenner gebracht werden.)

$$\frac{a}{b}\cdot\frac{c}{d}=\frac{ac}{bd},\quad b\neq 0,\quad d\neq 0,$$
$$\frac{a}{b}:\frac{c}{d}=\frac{a}{b}\cdot\frac{d}{c}=\frac{ad}{bc},\quad b\neq 0,\quad c\neq 0,\quad d\neq 0. \tag{1.4}$$

1.2.4. Lineare Gleichungen

Zunächst wird jede lineare Gleichung durch elementare Umformungen auf die Normalform

$$ax = b \tag{1.5}$$

gebracht. Für $a \neq 0$ ist die einzige Lösung dann

$$x=\frac{b}{a}. \tag{1.6}$$

Für $a = 0$ und $b \neq 0$ existiert keine Lösung. Für $a = 0$ und $b = 0$ ist wegen

$$0\cdot x = 0$$

jede reelle Zahl x Lösung.

Eine *Kontrolle* des Ergebnisses sollte durch Einsetzen der Lösung in die Ausgangsgleichung vorgenommen werden. Das ist aber hier im Gegensatz zu Wurzelgleichungen (Abschnitt 4), logarithmischen Gleichungen (Abschnitt 5) und goniometrischen Gleichungen (Abschnitt 6) nicht logisch notwendig.

1.3. Lehrbeispiele

Da gerade bei den elementaren mathematischen Umformungen häufig Fehler gemacht werden bzw. Unsicherheiten auftreten, sollen hier auch einige sehr einfache Lehrbeispiele angegeben werden.

Beispiel 1.1: Die binomischen Formeln sollte man nicht nur in ihrer einfachsten Gestalt 1.2.2. beherrschen, sondern man hat auch sofort zu erkennen:

$$4a^2 + 12ab + 9b^2 = (2a + 3b)^2,$$
$$a^2x^2 - 2abxy + b^2y^2 = (ax - by)^2,$$
$$16u^2 - 2v^2 = (4u + \sqrt{2}v)(4u - \sqrt{2}v).$$

Beispiel 1.2: Bei Brüchen hat man zu beachten, daß nur Faktoren, nicht aber Summanden gekürzt werden dürfen:

$$\frac{ab+ac}{bd+cd}=\frac{a(b+c)}{d(b+c)}=\frac{a}{d},\quad d\neq 0,\quad b+c\neq 0.$$

Beispiel 1.3: Bei der Vereinfachung von

$$\frac{a}{a+b}+\frac{b}{a-b}+\frac{2ab}{a^2-b^2}=\frac{a}{a+b}+\frac{b}{a-b}+\frac{2ab}{(a+b)(a-b)}$$

ist zunächst festzustellen, daß dieser Ausdruck nur sinnvoll ist für

$$a+b\neq 0 \text{ und } a-b\neq 0 \text{ bzw. } a\neq \pm b \quad (|a|\neq |b|).$$

Dann werden die Brüche auf den gemeinsamen Nenner $(a+b)(a-b) = a^2 - b^2$ gebracht:

$$\frac{a(a-b)}{a^2-b^2} + \frac{b(a+b)}{a^2-b^2} + \frac{2ab}{a^2-b^2} = \frac{a(a-b)+b(a+b)+2ab}{a^2-b^2}$$

$$= \frac{a^2-ab+ab+b^2+2ab}{a^2-b^2} = \frac{a^2+2ab+b^2}{a^2-b^2} = \frac{(a+b)^2}{(a+b)(a-b)}$$

$$= \frac{a+b}{a-b}.$$

Beispiel 1.4: Zur Lösung der Gleichung

$$\frac{x}{a} - \frac{a-x}{2bc} + \frac{a-x}{3c} = 1$$

hat man zunächst festzustellen, daß diese Gleichung nur sinnvoll ist für

$$a \neq 0,\ b \neq 0,\ c \neq 0 \quad \text{bzw.} \quad abc \neq 0.$$

Dann multipliziert man beide Seiten der vorliegenden Gleichung mit dem Hauptnenner der drei Brüche der linken Seite, $6abc$, und erhält

$$6bcx - 3a(a-x) + 2ab(a-x) = 6abc,$$
$$6bcx - 3a^2 + 3ax + 2a^2b - 2abx = 6abc,$$
$$6bcx + 3ax - 2abx = 6abc + 3a^2 - 2a^2b,$$
$$(6bc + 3a - 2ab)\,x = a(6bc + 3a - 2ab).$$

Für $6bc + 3a - 2ab \neq 0$ ist die einzige Lösung der Gleichung $x = a$. Für $6bc + 3a - 2ab = 0$ ist die Gleichung wegen $0 \cdot x = 0$ für jedes reelle x erfüllt.

Beispiel 1.5: Zur Lösung von

$$\frac{a^2x - b^2}{a} - \frac{a(b-ax)}{b} + \frac{b^2}{a} = a$$

hat man zunächst festzustellen, daß diese Gleichung nur sinnvoll ist für

$$a \neq 0,\ b \neq 0 \quad \text{bzw.} \quad ab \neq 0.$$

Durch Multiplikation beider Seiten mit ab und nach einigen elementaren Umformungen gemäß Beispiel 1.4 erhält man dann die Normalform

$$a^2(a+b)\,x = 2a^2b.$$

Wegen der Voraussetzung $a \neq 0$ folgt weiter

$$(a+b)\,x = 2b.$$

Für $a + b \neq 0$ bzw. $a \neq -b$ ist

$$x = \frac{2b}{a+b}$$

die einzige Lösung dieser Gleichung. Für $a + b = 0$ bzw. $a = -b$ existiert wegen $b \neq 0$ keine Lösung.

1.4. Übungsaufgaben

Lösen Sie die folgenden Gleichungen und überprüfen Sie die Ergebnisse! Schließen Sie bei den Aufgaben mit unbestimmten Koeffizienten diejenigen Werte von a, b usw. aus, die diese nicht annehmen dürfen! Geben Sie Wertebereiche von a, b usw. an, für die die Gleichungen genau eine oder keine Lösung bzw. unendlich viele Lösungen haben!

1.1: Gleichungen mit unbestimmten Koeffizienten ohne Brüche

1.1.1: $(x+1)(x+a)+b=2a+(x+2)(x+b).$

1.1.2: $a(2x-b)+bc=b(2x-a)-bc.$

1.1.3: $3b^2x-ax+4b^3-3bc=7b^2x-4cx-ab+bc.$

1.1.4: $b(2b-7a)+6a^2=(a+x)(b-2a).$

1.1.5: $2[x(2x+a)-a^2]=(2x-1)(2x-a).$

1.2: Bruchgleichungen mit bestimmten Koeffizienten und Faktoren im Nenner

1.2.1: $\frac{4x+3}{3}-1=4-\frac{x-3}{6}+\frac{3x+8}{4}-4{,}25.$

1.2.2: $10-\left(\frac{5+2x}{3}+\frac{34+7x}{8}\right)=11-\left(\frac{2x+11}{3}+\frac{3x+14}{4}\right).$

1.2.3: $\frac{2x+1}{2}+\frac{3x+1}{4}+\frac{5x+1}{8}=1-\frac{7x+1}{8}.$

1.2.4: $\frac{4x-7}{4}-\frac{6x-5}{8}-\frac{8-14x}{5}+\frac{1-18x}{10}=2x-6.$

1.3: Bruchgleichungen mit unbestimmten Koeffizienten und Faktoren im Nenner

1.3.1: $\frac{1}{x}+a=\frac{a}{x}+1.$ 1.3.2: $\frac{bx}{a}-\frac{a}{b}(x-a)=b.$

1.3.3: $\frac{2-ax}{bx}-\frac{bx-2}{ax}=\frac{a^2+b^2}{ab}.$

1.3.4: $\frac{4ab+1}{4ab}=1-\frac{a-x}{3a^2x}+\frac{5a-2x}{12abx}.$

1.3.5: $\frac{bx}{a}-\frac{a}{b}(a-bx)-\frac{b}{a}(bx-a)=1.$

1.3.6: $\frac{4ax+5bx}{20abx}+\frac{3}{4a}+\frac{3}{5b}+\frac{7ax+a}{12a^2x}=\frac{4}{3ax}-\frac{3a-5b}{15ab}.$

1.3.7: $\frac{x}{b}+\frac{bx-ac}{bc}-\frac{cx-ab}{a^2}=\frac{ax-c^2}{ac}-\frac{x-b}{a}+1.$

1.4: Bruchgleichungen mit bestimmten Koeffizienten und Summen im Nenner

1.4.1: $\frac{13+x}{7}+\frac{10-x}{3}=\frac{7x+26}{x+21}-\frac{17+4x}{21}.$

1.4.2: $\frac{1}{4x-10}+\frac{7}{6x-15}=3-\frac{1}{12x-30}.$

1.4.3: $\frac{4x+1}{2x-1}+\frac{4x+4}{1-2x}+\frac{4x-9}{4x^2-1}=\frac{4-16x}{1-4x^2}.$

1.4.4: $\frac{1}{8-12x}-\frac{3x+5}{16-36x^2}+\frac{3x}{24x+16}=\frac{1}{8}.$

1.4.5: $\frac{x+99}{x^2+3x+2}+\frac{7x-10}{1+x}+\frac{3x-5}{x+2}=10.$

1.4.6: $\frac{2x-7}{9x^2-49}=\frac{5}{9x+21}-\frac{1}{3x}.$

1.4.7: $\frac{x-6}{3x-24}+\frac{x-4}{4x-32}=\frac{x-10}{8-x}+\frac{3}{2}.$

1.4.8: $\frac{10x-1}{6x+3}-\frac{6x+2}{2(2x-1)}=\frac{4x^2-60x+2}{24x^2-6}.$

1.4.9: $\frac{4}{2x+3}+\frac{12}{2x+4}=\frac{12(4x+1)}{4x^2+14x+12}.$

1.4.10: $\frac{21x-3}{6x-6}-\frac{3(27x-1)}{10(3x-3)}+\frac{39x+99}{18x-18}-\frac{15x-9}{3(x-1)}=1.$

1.4.11: $\frac{3x-10}{5x-10}+\frac{x-8}{x-2}=2-\frac{5x-2}{7x-14}.$

1.4.12: $\frac{48x+2}{x^2-16}+1=\frac{5x-2}{x-4}-\frac{12x+8}{3x+12}.$

1.4.13: $\frac{3(5x^2+1)}{25(x^2-1)}-1=\frac{4x-\frac{1}{2}}{5(x-1)}-\frac{6x+1}{5(1+x)}.$

1.4.14: $\frac{3}{2}-\frac{1}{6}=\frac{1}{\frac{2}{3}+\frac{1}{x}}.$

1.4.15: $\frac{\frac{1}{2}-2x}{\frac{1}{2}+2x}+\frac{1}{4}=\frac{2x}{\frac{1}{2}+2x}-\frac{1}{4}.$

1.4.16: $\frac{\frac{4}{3}(2x-4)}{\frac{5}{4}(6x+5)}=\frac{\frac{25}{65}}{\frac{30}{13}}.$

1.4.17: $\frac{\frac{x}{6}+\frac{1}{15}}{\frac{x}{6}-\frac{4}{5}}=\frac{\frac{x}{10}+\frac{1}{3}}{\frac{x}{10}-\frac{1}{3}}.$

1.4.18: $\frac{\frac{x}{6}-\frac{1}{3}}{\frac{x}{9}-\frac{1}{2}}=\frac{\frac{x}{4}-\frac{1}{6}}{\frac{x}{6}-\frac{2}{3}}.$

1.4.19: $\frac{6x-\frac{7}{3}}{\frac{8x}{3}-\frac{1}{2}}=\frac{\frac{5}{3}-3x}{\frac{7}{8}-\frac{4x}{3}}.$

1.5: *Bruchgleichungen mit unbestimmten Koeffizienten und Summen im Nenner*

1.5.1: $\frac{a^2x}{a+b} + \frac{abx}{a-b} = a^2 + b^2.$

1.5.2: $\frac{abx}{b(a-bx)} - \frac{b^2x}{a(a-bx)} - \frac{b}{a} = 1.$

1.5.3: $\frac{a(x-a)}{a+2b} + \frac{b(x-b)}{2a+b} = \frac{x}{2}.$

1.5.4: $\frac{abx-2a}{abx-2b} = \frac{abx-2b}{abx-2a}.$

1.5.5: $\frac{2ax+b}{4x-2} - \frac{2ax-b}{8x-4} = \frac{a}{2} - \frac{b}{4}.$

1.5.6: $\frac{a-x}{b-x} + \frac{c-x}{b+x} = \frac{ab-2bx}{b^2-x^2}.$

1.5.7: $\frac{2ax+b}{ab-b^2} - \frac{2(2ax+b)}{a^2-b^2} = \frac{a-2bx}{ab+b^2}.$

1.5.8: $\frac{\frac{ax+1}{ax-1}}{\frac{a+b}{a-b}} = 1.$

1.5.9: $\frac{a}{x+b} + \frac{b}{x+a} = \frac{2a^2}{x^2+(a+b)x+ab}.$

1.5.10: $a^2 + b^2 = \frac{a^2bx}{a-b} - \frac{ab^2x}{a+b}.$

1.5.11: $\frac{3b+ax}{a+b} = 1 + \frac{abx}{a^2-b^2}.$

1.5.12: $\frac{a+b}{a-b} + \frac{abx}{a^2-b^2} = \frac{a-b}{a-b} + \frac{abx}{(a-b)^2}.$

1.5.13: $\frac{bx-a}{a+bx} - \frac{3b+bx}{bx-a} = \frac{3ab-b^2}{a^2-b^2x^2}.$

1.5.14: $\frac{a^2(2bx-1)}{a^4b^2x^2-b^2} + \frac{b}{a^2bx+b} = \frac{a^2bx}{a^2bx-b} + \frac{b^2(2ax-3)}{a^4b^2x^2-b^2} - 1.$

1.6: *Lösen Sie folgende Formeln nach den angegebenen Größen auf* (Aussagen über ihre Gültigkeit werden nicht getroffen):

1.6.1: $s = v_0t - \frac{1}{2}gt^2;$ a) v_0, b) g.

1.6.2: $v = \frac{s_2 - s_1}{t_2 - t_1};$ a) s_1, b) t_1.

1.6.3: $v = \dfrac{\frac{a}{2} \cdot t_2^2 - \frac{a}{2} \cdot t_1^2}{t_2 - t_1}$; a) a, b) t_1.

1.6.4: $E_{\text{pot}} = mg(h_2 - h_1)$; a) h_2, b) h_1.

1.6.5: $\sum_{i=1}^{3} m_i v_i = k$; a) v_1, b) m_3.

1.6.6: $J = \sum_{i=1}^{n} m_i r_i^2$; a) m_1, b) m_n.

1.6.7: $m_2 = m_1 \dfrac{1 + \gamma_1 \Delta t}{1 + \gamma_2 \Delta t}$; a) Δt, b) γ_2.

1.6.8: $c = \dfrac{m_w(t - t_w)}{m(t_2 - t)}$; a) t_2, b) t.

1.6.9: $u_1 = \dfrac{v_1(m_1 - m_2) + 2m_2 v_2}{m_1 + m_2}$; a) m_1, b) v_2.

1.6.10: $C = 4\pi K \cdot \dfrac{R_1 R}{R_1 - R}$; a) R, b) R_1.

1.6.11: $B = \dfrac{1}{A} \cdot \dfrac{nI}{R_e + R_i}$; a) R_e, b) I.

1.6.12: $I = \dfrac{nU}{nR_i + R_a}$; a) n, b) R_a.

1.6.13: $E = \sum_{i=1}^{2} I_i R_i$; a) R_1, b) I_2.

1.7: Lösen Sie nachstehende Aufgaben unter den üblichen Voraussetzungen (Vernachlässigung von Luftwiderstand, Widerstandsveränderung durch Temperaturerhöhung usw.)! Gleiches gilt auch für die Sachaufgaben des Abschnittes 2.

1.7.1: Welche Zahl muß man um $\frac{12}{21}$ vermindern, damit man den reziproken Wert von $\frac{7}{24}$ erhält?

1.7.2: Addiert man zum Zähler des Bruches $\frac{14}{19}$ eine Zahl, und subtrahiert die Hälfte dieser gesuchten Zahl vom Nenner, so erhält man $\frac{12}{7}$. Wie heißt die Zahl?

1.7.3: Wieviel Batterien mit einer Klemmenspannung von je 2 V und einem inneren Widerstand von je 0,25 Ω muß man beim Anschluß eines elektrischen Leiters von 1,75 Ω Widerstand hintereinanderschalten, wenn ein Strom von 4 A fließen soll?

1.7.4: Von drei parallelgeschalteten elektrischen Leitern, an denen eine Spannung von 25 V anliegt, hat jeder einen elektrischen Widerstand, der doppelt so groß wie der vorhergehende ist. Der Gesamtwiderstand betrage 100 Ω. Wie groß sind bei unveränderten Bedingungen die
a) Einzelwiderstände b) Zweigstromstärken?

1.7.5: Ein 309 N schweres Kind, dessen Wichte mit $\gamma_K = 10{,}3\,\frac{\mathrm{N}}{\mathrm{dm}^3}$ angenommen wird, soll einen Schwimmgürtel $\left(\gamma_G = 2{,}45\,\frac{\mathrm{N}}{\mathrm{dm}^3}\right)$ erhalten, so daß es im Wasser $\left(\gamma_W = 9{,}81\,\frac{\mathrm{N}}{\mathrm{dm}^3}\right)$ schwimmen kann.
Welches Volumen muß das verwendete Material mindestens haben?

1.7.6: Zwei Freunde unternehmen mit einem Motorrad eine Auslandsfahrt, wobei sie gezwungen sind, an einer Tankstelle zu tanken, die keine Mischsäulen hat. Der Tank des Motorrads faßt noch 12 Liter, das Mischungsverhältnis muß 1:25 sein.
Wieviel Liter Benzin und wieviel Liter Öl sind zu tanken, wenn der Tank voll werden soll?

1.7.7: Im Rahmen des Studentensommers haben 11 Studenten unterschiedlicher Leistungsfähigkeit Ausschachtungsarbeiten übertragen bekommen. Für eine bestimmte Arbeit würden zwei Studenten je 12 Stunden, sechs Studenten je 15 Stunden und drei Studenten je 18 Stunden benötigen. In welcher Zeit könnte die Arbeit von der gesamten Gruppe fertiggestellt werden?

1.7.8: Durch Hochwasser wurde ein Keller überflutet; er wird von den Genossen der NVA mittels dreier gleichmäßig und gleichzeitig arbeitender Motorpumpen leergepumpt. Wieviel Minuten werden dazu benötigt, wenn durch die erste Pumpe allein 6 Stunden, durch die zweite 4 Stunden und durch die dritte 2 Stunden benötigt würden?

1.7.9: Ein Schwimmbad hat zwei Zuflüsse und einen Abfluß. Durch den ersten Zufluß allein könnte das Becken in 5 Stunden, durch den zweiten allein in 4 Stunden gefüllt und durch den Abfluß in 3 Stunden geleert werden.
In welcher Zeit wird das Schwimmbecken gefüllt, wenn beide Zuflüsse und der Abfluß zugleich geöffnet sind?

1.7.10: Welche Zeit benötigt ein mit einer konstanten Geschwindigkeit von $48\,\frac{\mathrm{km}}{\mathrm{h}}$ fahrender und 10 m langer Omnibus, um beim Überholen einer Zugmaschine mit zwei Hängern von insgesamt 15 m Länge an dieser vorbeizufahren, wenn deren konstante Geschwindigkeit $36\,\frac{\mathrm{km}}{\mathrm{h}}$ beträgt? Welche Strecke hat der Omnibus dabei zurückzulegen?

1.7.11: Während des 5000-Meter-Laufes im Rahmen eines Hochschulsportfestes tritt der Studentenmeister nach anfänglicher Zurückhaltung an und läuft dann mit einer konstanten Geschwindigkeit von $5{,}5\,\frac{\mathrm{m}}{\mathrm{s}}$ den Lauf zu Ende. Nachdem er $5\frac{1}{2}$ Minuten mit dieser Geschwindigkeit gelaufen ist, überholt er den Studenten A zum ersten Male. Er überrundet ihn nach weiteren 8 Minuten Laufzeit.

Wie groß war der ursprüngliche Abstand der beiden Läufer, wenn A mit einer konstanten Geschwindigkeit von $4{,}5\,\frac{\mathrm{m}}{\mathrm{s}}$ lief? Welchen Umfang hat die Stadionbahn, auf der sich die Läufer bewegten?

1.7.12: Die Gleichung $\frac{x+9}{x-7} - 3 = \frac{2x-30}{23-x}$ behandelt jemand folgendermaßen:

Er rechnet

$$\frac{x+9-3(x-7)}{x-7} = \frac{2x-30}{23-x}$$

$$\frac{-2x+30}{x-7} = \frac{2x-30}{23-x}$$

$$\frac{2x-30}{7-x} = \frac{2x-30}{23-x}$$

$$\frac{1}{7-x} = \frac{1}{23-x}$$

$$7-x = 23-x$$

$$\underline{\underline{7 = 23}}$$

Worin besteht der Fehler?

1.7.13: Welcher Unterschied besteht zwischen den gegebenen Gleichungen?

a) $x-5 = 2+x$ und $x(x-5) = (2+x)\,x$;
b) $x+4 = 10-x$ und $(x-1)(x+4) = (10-x)(x-1)$;
c) $2x+6 = -x$ und $\frac{2x+6}{x+2} = -\frac{x}{x+2}$

(entnommen aus [8]).

2. Lineare Gleichungssysteme

2.1. Zielstellung

Im vorliegenden Abschnitt werden Systeme von zwei linearen Gleichungen mit zwei Unbekannten x_1 und x_2

$$\begin{aligned} a_{11}x_1 + a_{12}x_2 &= b_1 \\ a_{21}x_1 + a_{22}x_2 &= b_2 \end{aligned} \tag{2.1}$$

und Systeme von drei linearen Gleichungen mit drei Unbekannten x_1, x_2 und x_3

$$\begin{aligned} a_{11}x_1 + a_{12}x_2 + a_{13}x_3 &= b_1 \\ a_{21}x_1 + a_{22}x_2 + a_{23}x_3 &= b_2 \\ a_{31}x_1 + a_{32}x_2 + a_{33}x_3 &= b_3 \end{aligned} \tag{2.2}$$

behandelt. Dabei werden wie im 1. Abschnitt gleichzeitig elementare mathematische Umformungen geübt. Es ist wiederum auf die Unmöglichkeit der Division durch null zu achten. Wie bei Gleichungen mit einer Unbekannten ist auch hier zu untersuchen, welcher der folgenden Fälle eintritt:

1. Es existiert genau eine Lösung.
2. Es existieren unendlich viele Lösungen.
3. Es existiert keine Lösung.

Wir betrachten nur Fälle, wo so viele Gleichungen vorhanden sind wie Unbekannte. Es wird also z. B. beim System (2.1) ausgeschlossen, daß $a_{i1} = 0$ und $a_{i2} = 0$ $(i = 1, 2)$ gleichzeitig gilt. Denn wäre dann $b_i \neq 0$, so existierte wegen des Widerspruchs $0 \cdot x_1 + 0 \cdot x_2 = b_i \neq 0$ keine Lösung, und für $b_i = 0$ wäre die i-te Gleichung wegen $0 \cdot x_1 + 0 \cdot x_2 = 0$ ohne Aussage (s. [2]).

2.2. Grundlegende Begriffe und Gesetze

Zur Lösung von zwei Gleichungen mit zwei Unbekannten (System (2.1)) unterscheidet man drei Lösungsverfahren, die logisch gleichwertig sind.
Diese drei Verfahren sind das Additions-, das Einsetz- und das Gleichsetzverfahren.

Obwohl diese Verfahren im wesentlichen als bekannt vorausgesetzt werden können, soll hier das Additionsverfahren als Spezialfall des *Gaußschen Algorithmus* [7] für zwei Gleichungen mit zwei Unbekannten angegeben werden. Das geschieht vor allem zur Herausarbeitung der drei Lösungsfälle (Abschnitt 2.1.).

Durch Multiplikation der ersten Gleichung von (2.1) mit a_{22} und der zweiten mit $(-a_{12})$ und anschließende Addition dieser Gleichungen erhält man die folgende Gleichung für die Unbekannte x_1

$$(a_{11}a_{22} - a_{21}a_{12})\,x_1 = b_1a_{22} - b_2a_{12}. \tag{2.3}$$

Durch Multiplikation der ersten Gleichung von (2.1) mit $(-a_{21})$ und der zweiten mit a_{11} und anschließende Addition erhält man entsprechend für die Unbekannte x_2

$$(a_{11}a_{22} - a_{21}a_{12})\,x_2 = a_{11}b_2 - a_{21}b_1. \tag{2.4}$$

Für

$$a_{11}a_{22} - a_{21}a_{12} \neq 0 \tag{2.5}$$

erhält man aus (2.3) und (2.4) als einzige mögliche Lösung von (2.1)

$$x_1 = \frac{b_1 a_{22} - b_2 a_{12}}{a_{11} a_{22} - a_{21} a_{12}},$$
$$x_2 = \frac{a_{11} b_2 - a_{21} b_1}{a_{11} a_{22} - a_{21} a_{12}}. \tag{2.6}$$

Durch Einsetzen kann bestätigt werden, daß das tatsächlich die Lösung von (2.1) ist. Ist dagegen

$$a_{11} a_{22} - a_{21} a_{12} = 0 \tag{2.7}$$

und

$$b_1 a_{22} - b_2 a_{12} \neq 0 \tag{2.8}$$

oder

$$a_{11} b_2 - a_{21} b_1 \neq 0, \tag{2.9}$$

so existiert wegen des Widerspruchs (s. (2.3) oder (2.4))

$$0 \cdot x_1 \neq 0 \quad \text{oder} \quad 0 \cdot x_2 \neq 0$$

keine Lösung von (2.1). Gilt neben (2.7) noch

$$b_1 a_{22} - b_2 a_{12} = 0 \tag{2.10}$$

und

$$a_{11} b_2 - a_{21} b_1 = 0, \tag{2.11}$$

so muß hier (vgl. Abschnitt 2.1.) $a_{11} \neq 0$ oder $a_{12} \neq 0$ gelten. Im ersten Falle erhält man aus der ersten Gleichung von (2.1)

$$x_1 = \frac{b_1 - a_{12} x_2}{a_{11}}. \tag{2.12}$$

Damit ist die zweite Gleichung bei beliebigem x_2 auch erfüllt. Im zweiten Falle erhält man

$$x_2 = \frac{b_1 - a_{11} x_1}{a_{12}}. \tag{2.13}$$

Auch hier wird die zweite Gleichung bei beliebigem x_1 erfüllt.

Zusammenfassend gilt also:

1. Unter der Voraussetzung (2.5) ist (2.6) die einzige Lösung von (2.1).
2. Unter den Voraussetzungen (2.7) und (2.8) oder (2.9) hat (2.1) keine Lösung.
3. Unter den Voraussetzungen (2.7) und (2.10) und (2.11) existieren unendlich viele Lösungen von (2.1), nämlich

(2.12), und x_2 ist beliebig wählbar für $a_{11} \neq 0$

oder

(2.13), und x_1 ist beliebig wählbar für $a_{12} \neq 0$.

Ein System von drei Gleichungen mit drei Unbekannten (2.2) löst man grundsätzlich, indem man es auf eine Gleichung mit drei Unbekannten und zwei Gleichungen mit zwei Unbekannten zurückführt [7]. Das kann für $a_{11} \neq 0$ z. B. auf folgendem Wege geschehen (durch Umordnung der Gleichungen und Umnumerierung der Unbekannten ist $a_{11} \neq 0$ immer zu erreichen): Multiplikation der ersten Gleichung mit $\frac{a_{21}}{a_{11}}$ und Subtraktion von der zweiten. Multiplikation der ersten Gleichung mit

$\frac{a_{31}}{a_{11}}$ und Subtraktion von der dritten. Dadurch entstehen zwei Gleichungen für x_2 und x_3. Setzt man deren Lösung in die erste Gleichung ein, so erhält man x_1. Auch hier sind drei wesentliche Fälle möglich:

1. Es existiert genau eine Lösung.
2. Es existiert keine Lösung.
3. Es existieren unendlich viele Lösungen.

Es sei noch bemerkt, daß man unter Umständen auch nichtlineare Gleichungssysteme durch einfache Substitutionen auf lineare zurückführen kann. So erhält man z. B. aus

$$\frac{a_{11}}{x} + \frac{a_{12}}{y} = b_1,$$
$$\frac{a_{21}}{x} + \frac{a_{22}}{y} = b_2$$

durch die Substitution

$$u = \frac{1}{x}, \quad v = \frac{1}{y}$$

ein lineares Gleichungssystem für u und v.

2.3. Lehrbeispiele

Beispiel 2.1: Bei der Lösung des Systems

$$\begin{aligned} 2x_1 + x_2 &= 13 \quad (I) \\ 3x_1 - 2x_2 &= 9 \quad (II) \end{aligned}$$

nach dem Additionsverfahren erhält man durch Multiplikation von (I) mit 2 und Addition der beiden Gleichungen

$$7x_1 = 35$$

und durch Multiplikation von (I) mit 3 und von (II) mit (-2) und Addition

$$7x_2 = 21,$$

also genau eine Lösung

$$x_1 = 5, \quad x_2 = 3.$$

Beim Einsetzverfahren löst man die erste Gleichung nach x_2 auf:

$$x_2 = 13 - 2x_1$$

und setzt in die zweite ein

$$\begin{aligned} 3x_1 - 2(13 - 2x_1) &= 9, \\ 7x_1 &= 35, \\ x_1 &= 5, \\ x_2 = 13 - 2x_1 &= 3. \end{aligned}$$

Beim Gleichsetzverfahren erhält man

$$x_2 = 13 - 2x_1, \quad x_2 = \frac{3x_1 - 9}{2},$$

also

$$13 - 2x_1 = \frac{3x_1 - 9}{2},$$

$$26 - 4x_1 = 3x_1 - 9,$$

$$-7x_1 = -35,$$

$$x_1 = 5,$$

$$x_2 = \frac{3x_1 - 9}{2} = \frac{15 - 9}{2} = 3.$$

Beispiel 2.2: Bei der Lösung des Systems

$$x_1 - x_2 = a \quad \text{(I)}$$

$$ax_1 + x_2 = b \quad \text{(II)}$$

erhält man durch Addition beider Gleichungen

$$(1 + a)\, x_1 = a + b. \tag{2.14}$$

Für $a \neq -1$ gilt

$$x_1 = \frac{a + b}{a + 1},$$

und aus der ersten Gleichung erhält man

$$x_2 = x_1 - a = \frac{a + b}{a + 1} - a = \frac{a + b - a^2 - a}{a + 1} = \frac{b - a^2}{a + 1}.$$

Für $a = -1$ und $a + b = b - 1 \neq 0$ bzw. $b \neq 1$ existiert wegen des in (2.14) entstehenden Widerspruchs $0 \cdot x_1 \neq 0$ keine Lösung. Für $a = -1$ und $a + b = 0$ bzw. $b = 1$ kann x_1 nach (2.14) beliebig gewählt werden. Aus der ersten Gleichung des Systems folgt dann

$$x_2 = x_1 - a = x_1 + 1.$$

Auch die zweite Gleichung des Systems könnte man heranziehen

$$x_2 = b - ax_1 = 1 + x_1.$$

Die vollständige Lösung der vorliegenden Aufgabe lautet also: Für $a \neq -1$ hat das System die einzige Lösung

$$x_1 = \frac{a + b}{a + 1}, \quad x_2 = \frac{b - a^2}{a + 1}.$$

Für $a = -1$ und $b \neq 1$ existiert keine Lösung.
Für $a = -1$ und $b = 1$ erhält man unendlich viele Lösungen, da x_1 beliebig gewählt werden kann; dann ist

$$x_2 = x_1 + 1.$$

(Es wären also $x_1 = 0, x_2 = 1$; $x_1 = 1, x_2 = 2$; $x_1 = -3, x_2 = -2$ usw. in diesem Falle alles Lösungen.)

Beispiel 2.3: Das System

$$x_1 + x_2 + x_3 = 6 \quad \text{(I)}$$

$$2x_1 - x_2 + x_3 = 3 \quad \text{(II)}$$

$$x_1 + 2x_2 - x_3 = 2 \quad \text{(III)}$$

kann man auf ein System mit zwei Unbekannten zurückführen, indem man zunächst die Gl. (I) von der Gl. (II) subtrahiert

$$x_1 - 2x_2 = -3 \qquad \text{(I')}$$

und dann (I) und (III) addiert

$$2x_1 + 3x_2 = 8. \qquad \text{(II')}$$

Subtrahiert man das Doppelte von (I') von (II'), so erhält man weiter

$$7x_2 = 14,$$
$$x_2 = 2.$$

Aus (I') folgt

$$x_1 = -3 + 2x_2 = -3 + 4 = 1$$

und aus (I)

$$x_3 = 6 - x_1 - x_2 = 6 - 1 - 2 = 3.$$

Die einzige Lösung ist also

$$x_1 = 1, \quad x_2 = 2, \quad x_3 = 3.$$

2.4. Übungsaufgaben

Im folgenden werden die Unbekannten – wie von der Schule her bekannt – mit x, y, z bezeichnet.

2.1: Gleichungssysteme mit bestimmten Koeffizienten

2.1.1: $\frac{3}{5}x + \frac{2}{3}y = 17,\quad \frac{2}{3}x + \frac{3}{4}y = 19.$

2.1.2: $\frac{3}{2}x - \frac{1}{2}(3y + 1) = 1,\quad \frac{1}{3}(2x + 1) + \frac{3}{4}(3y - 1) = 9.$

2.1.3: $\frac{x-2}{3} - \frac{y-2}{2} = \frac{x-2y}{5},\quad \frac{x-y}{6} + \frac{3y+2}{4} = \frac{x-2(y-1)}{3}.$

2.1.4: $\frac{5}{6-x} = \frac{7}{3y-2},\quad \frac{5}{2x+y} = \frac{7}{x+2y}.$

2.1.5: $\frac{3x-5y-4}{3x-6y-3} = \frac{3}{4},\quad \frac{2x+4y-2}{2x+3y+11} = 1.$

2.1.6.: $\frac{11}{2x-3y} + \frac{18}{3x-2y} = 13,\quad \frac{27}{3x-2y} - \frac{2}{2x-3y} = 1.$

2.1.7:
$$\begin{aligned} 6x + 6y + 5z &= 1,\\ -3x + 4y - z &= 3,\\ 6x + 2y + 3z &= -1. \end{aligned}$$

2.1.8:
$$\begin{aligned} 2x + 2y + 2z &= -3,\\ 2x + 2y + z &= -1,\\ 2x + y + z &= -2. \end{aligned}$$

2.2: Gleichungssysteme mit unbestimmten Koeffizienten

2.2.1: $3x - 2y = a^2 + 10ab + b^2,$
$3y - 2x = a^2 - 10ab + b^2.$

2.2.2: $ax + by = 1,$
$\frac{x}{y} = \frac{a}{b}.$

2.2.3: $x + y = 2a,$
$x^2 - y^2 = 4b^2.$

2.2.4: $\frac{x}{a} - \frac{y}{b} = -2a,$
$-\frac{x}{a-b} + \frac{y}{a+b} = a + b.$

2.2.5: $ay + bx = 2a,$
$a^2y - b^2x = a^2 + b^2.$

2.2.6: $\frac{2x+1}{2y+1} = 2,$
$\frac{x}{y} = \frac{a}{b}.$

2.2.7: $\frac{x}{a-b} + \frac{y}{a+b} = 1,$
$\frac{x}{a+b} + \frac{y}{a-b} = \frac{a^2+b^2}{a^2-b^2}.$

2.2.8: $\frac{x}{a+b} + \frac{y}{b} = 2a - b,$
$\frac{x}{a} + \frac{y}{b-a} = a.$

2.2.9: $\frac{x}{2b} + \frac{y}{b-a} = 3a + b,$
$\frac{x}{a+b} - \frac{y}{2a} = a + b.$

2.2.10: $\frac{x}{a+b} + \frac{y}{a-b} = 1,$
$\frac{x}{a-b} + \frac{y}{a+b} = 1.$

2.2.11: $2a(x + y) + 4a(a + b) = 2(x + y) + 4a^2(a + b),$
$(x + y + 2a)(x - y - 2b) = (x + y - 2a)(x - y + 2b).$

2.2.12: $(a - b)x + (a + b)y = \frac{1}{a+b},$
$b(x - y) + a(x + y) = \frac{1}{a-b}.$

2.2.13: $ax + by = \frac{a^2+b^2}{a^2-b^2},$
$2ax + 3by = \frac{2a^2 + ab + 3b^2}{a^2-b^2}.$

2.3: Sachaufgaben

2.3.1: In einem verzweigten Stromkreis verhält sich der Widerstand des ersten Zweiges zum Widerstand des zweiten Zweiges wie 1 : 8, der sich verzweigende Strom hat eine Stärke von 9 A.
Wie groß sind die Stromstärken in jedem Zweig?

2.3.2: Vor zwei Jahren war ein Vater dreimal so alt wie sein Sohn; in 15 Jahren wird er nur noch doppelt so alt sein. Wie alt sind gegenwärtig Vater und Sohn?

2.3.3: Wie groß ist der Abstand zweier konzentrischer Kreise, die man dadurch erhält, daß der Umfang des einen Kreises mit beliebigem Radius um einen Meter vergrößert wird?

2.3.4: Die Wichte eines Schwimmsportlers betrage nach dem Ausatmen $10{,}1 \frac{\mathrm{N}}{\mathrm{dm}^3}$ und nach dem Einatmen $9{,}61 \frac{\mathrm{N}}{\mathrm{dm}^3}$, wobei sich das Volumen des Sportlers um 3 dm^3 vergrößert hat.
Wieviel Newton wiegt der Schwimmsportler?

2.3.5: Ein Flugzeug braucht für eine Strecke von 10 km in Windrichtung 36 s, entgegen der Windrichtung 37,8 s. Wie groß ist die Eigengeschwindigkeit des Flugzeuges, und wie groß ist die Windgeschwindigkeit?

2.3.6: Zwei Massenpunkte bewegen sich auf einer Kreisbahn in entgegengesetzter Richtung auf dem kleineren Bogen, der zwischen ihnen liegt, aufeinander zu. Sie treffen sich nach 3 s. Den Umfang des Kreises durchlaufen sie in 12 s bzw. 15 s. Wie groß ist der Umfang des Kreises?
Welche Länge hat der kleinere Kreisbogen, der 6 cm kleiner ist als der halbe Kreisumfang?

2.3.7: Zwei Radsportler trainieren auf einer 420 m langen Radrennbahn, wobei der eine den anderen aller 105 s überholt. Würden beide in entgegengesetzte Richtungen fahren, träfen sie sich aller 21 s.
Welche konstant angenommene Geschwindigkeiten haben die beiden Radsportler?

2.3.8: Zwei Freunde, die in Leipzig bzw. Dresden wohnen, vereinbaren ein Treffen mit Fahrrädern zwischen den 120 km entfernten Wohnsitzen.
Wann und wieviel Kilometer von Leipzig entfernt treffen sie sich, wenn der Dresdener um 6.00 Uhr startet und mit einer Durchschnittsgeschwindigkeit von $20 \frac{\mathrm{km}}{\mathrm{h}}$ fährt, während der Leipziger um 6.30 Uhr startet und durchschnittlich $22 \frac{\mathrm{km}}{\mathrm{h}}$ erreicht?

3. Quadratische Gleichungen

3.1. Zielstellung

Der vorliegende Abschnitt dient vorwiegend der Lösung quadratischer Gleichungen mit einer Unbekannten im Bereich der reellen Zahlen. Es sind bei der Anwendung der Lösungsformel folgende Fälle zu unterscheiden:

- zwei reelle Lösungen,
- eine reelle Doppellösung,
- keine reellen Lösungen.

Ferner sollen das Zerlegen von quadratischen Ausdrücken in Linearfaktoren und der Wurzelsatz von Vieta geübt werden. Auch hier sollen die Fertigkeiten bei elementaren mathematischen Umformungen weiter vertieft werden (s. [2]).

3.2. Grundlegende Begriffe und Gesetze

Die quadratische Gleichung

$$ax^2 + bx + c = 0, \quad a \neq 0, \tag{3.1}$$

kann wegen

$$ax^2 + bx + c = a(x^2 + px + q) = 0 \tag{3.2}$$

mit

$$p = \frac{b}{a}, \quad q = \frac{c}{a} \tag{3.3}$$

immer auf die Normalform

$$x^2 + px + q = 0 \tag{3.4}$$

zurückgeführt werden. Durch die Anwendung der Lösungsformel

$$x_1 = -\frac{p}{2} + \sqrt{\frac{p^2}{4} - q}\,, \qquad x_2 = -\frac{p}{2} - \sqrt{\frac{p^2}{4} - q} \tag{3.5}$$

erhält man für

$$\frac{p^2}{4} - q > 0 \quad \text{bzw.} \quad p^2 - 4q > 0 \tag{3.6}$$

zwei verschiedene reelle Lösungen (Wurzeln) x_1 und x_2. Für

$$\frac{p^2}{4} - q = 0 \quad \text{bzw.} \quad p^2 - 4q = 0 \tag{3.7}$$

fallen diese beiden Lösungen zu der reellen Lösung

$$x_1 = x_2 \tag{3.8}$$

zusammen. Man spricht dann von einer reellen Doppelwurzel. Für

$$\frac{p^2}{4} - q < 0 \quad \text{bzw.} \quad p^2 - 4q < 0 \tag{3.9}$$

existiert keine reelle Lösung von (3.4) bzw. von (3.1). Durch Einsetzen von (3.3) kann (3.5) auch in der Form

$$\begin{aligned} x_1 &= \frac{1}{2a}\left(-b + \sqrt{b^2 - 4ac}\right), \\ x_2 &= \frac{1}{2a}\left(-b - \sqrt{b^2 - 4ac}\right) \end{aligned} \tag{3.10}$$

angegeben werden. Je nachdem, ob

$$b^2 - 4ac > 0$$

$$\text{oder } b^2 - 4ac = 0$$

$$\text{oder } b^2 - 4ac < 0$$

gilt, erhält man durch (3.10) zwei verschiedene reelle Wurzeln oder eine reelle Doppelwurzel von (3.1), oder es existiert keine reelle Lösung von (3.1).

Existieren zwei reelle Wurzeln x_1 und x_2 bzw. existiert eine reelle Doppelwurzel $x_1 = x_2$ von (3.1) bzw. (3.4) gemäß (3.5) oder (3.10), so können die quadratischen Ausdrücke in (3.1) und (3.4) in zwei reelle lineare Faktoren aufgespalten werden:

$$x^2 + px + q = (x - x_1)(x - x_2), \tag{3.11}$$

$$ax^2 + bx + c = a(x - x_1)(x - x_2). \tag{3.12}$$

Falls keine reellen Lösungen existieren, ist auf reellem Wege eine solche Aufspaltung nicht möglich. Ferner besteht zwischen den Lösungen x_1 und x_2 und den Koeffizienten p und q bzw. a, b und c der folgende Zusammenhang (*Wurzelsatz von Vieta*), der zur Kontrolle des Ergebnisses verwendet werden kann:

$$\begin{aligned} x_1 + x_2 &= -p = -\frac{b}{a}, \\ x_1 \cdot x_2 &= q = \frac{c}{a}. \end{aligned} \tag{3.13}$$

Es sei noch bemerkt, daß man unter Umständen auch nichtquadratische Gleichungen durch eine einfache Substitution auf eine quadratische Gleichung zurückführen kann.

So erhält man z. B. aus der Gleichung

$$\sin^2 x + p \sin x + q = 0$$

durch die Substitution $y = \sin x$ eine quadratische Gleichung in y. Die biquadratische Gleichung

$$x^4 + px^2 + q = 0$$

wird durch die Substitution $y = x^2$ in die quadratische Gleichung

$$y^2 + py + q = 0$$

umgewandelt. Zu jeder nichtnegativen Lösung y_0 dieser Gleichung erhält man die Lösungen

$$x_{01} = \sqrt{y_0} \quad \text{und} \quad x_{02} = -\sqrt{y_0}$$

der Ausgangsgleichung.

3.3. Lehrbeispiele

Beispiel 3.1: Die quadratische Gleichung

$$x^2 - x - 2 = 0$$

hat wegen

$$\frac{p^2}{4} - q = \frac{1}{4} + 2 = \frac{9}{4} > 0$$

zwei verschiedene reelle Wurzeln, nämlich nach (3.5)

$$x_1 = 2, \quad x_2 = -1.$$

Es gilt dann nach (3.11)

$$x^2 - x - 2 = (x - 2)(x + 1),$$

und man bestätigt (3.13)

$$x_1 + x_2 = 1 = -p,$$

$$x_1 \cdot x_2 = -2 = q.$$

Beispiel 3.2: Die quadratische Gleichung

$$4x^2 - 4x + 1 = 0$$

hat wegen

$$b^2 - 4ac = 16 - 4 \cdot 4 \cdot 1 = 0$$

eine reelle Doppelwurzel, nämlich nach (3.10)

$$x_1 = x_2 = \frac{1}{2}.$$

Es gilt dann nach (3.12)

$$4x^2 - 4x + 1 = 4\left(x - \frac{1}{2}\right)^2 = (2x - 1)^2,$$

und man bestätigt (3.13)

$$x_1 + x_2 = 1 = -\frac{b}{a},$$

$$x_1 \cdot x_2 = \frac{1}{4} = \frac{c}{a}.$$

Beispiel 3.3: Die quadratische Gleichung

$$2x^2 + 2x + 1 = 0$$

hat wegen

$$b^2 - 4ac = 4 - 4 \cdot 2 \cdot 1 = -4 < 0$$

keine reelle Lösung.

Beispiel 3.4: Die Gleichung

$$\frac{a^2(1 - x)^2 + (ax - b)^2}{a^2(1 - x)^2 - (ax - b)^2} = \frac{a^2 + b^2}{a^2 - b^2} \tag{3.14}$$

hat nur dann einen Sinn, wenn die Nenner auf beiden Seiten nicht null sind. Für die rechte Seite bedeutet das wegen $a^2 - b^2 = (a+b)(a-b)$

$$a \neq b, \quad a \neq -b, \quad (|a| \neq |b|). \tag{3.15}$$

Für die linke Seite hat man zu fordern

$$\begin{aligned} &a^2(1-x)^2 - (ax-b)^2 \\ &= \{a(1-x) + (ax-b)\}\{a(1-x) - (ax-b)\} \\ &= \{a-b\}\{a+b-2ax\} \neq 0. \end{aligned}$$

Da wegen der Voraussetzung (3.15) sowohl $a - b \neq 0$ als auch $(a+b) \neq 0$ gilt, ist diese Bedingung für $a = 0$ immer erfüllt. Zur Voraussetzung (3.15) kommt also nur noch hinzu $a + b - 2ax \neq 0$ für $a \neq 0$, also

$$x \neq \frac{a+b}{2a} \quad \text{für} \quad a \neq 0. \tag{3.16}$$

Aus (3.14) erhält man

$$(a^2 - b^2)\{a^2(1-x)^2 + (ax-b)^2\} = (a^2+b^2)\{a^2(1-x)^2 - (ax-b)^2\}$$

und daraus weiter die quadratische Gleichung

$$(2a^4 - 2a^2b^2)\,x^2 - (4a^3b - 4a^2b^2)\,x = 0$$

bzw. $$2a^2(a^2-b^2)\,x^2 - 4a^2b(a-b)\,x = 0$$

bzw. $$2a^2(a-b)\{(a+b)\,x - 2b\}\,x = 0. \tag{3.17}$$

Bei dieser speziellen Form der quadratischen Gleichung erübrigt sich die Anwendung der Formel (3.5) bzw. (3.10). Man erkennt sofort, daß für $a = 0$ jedes reelle x Lösung ist:

$$x \text{ beliebig} \quad \text{für} \quad a = 0. \tag{3.18}$$

Man hat also nur noch den Fall $a \neq 0$ zu untersuchen.

Dann ist, da wegen (3.15) $(a-b) \neq 0$ und $(a+b) \neq 0$ gilt, die Gl. (3.17) nur erfüllt, wenn

$$x = 0 \quad \text{oder} \quad (a+b)\,x - 2b = 0$$

gilt. Es sind also für $a \neq 0$

$$x_1 = 0 \quad \text{und} \quad x_2 = \frac{2b}{a+b}$$

die einzigen Lösungen von (3.17). Da $x_1 = 0$ auch (3.16) erfüllt, ist x_1 Lösung von (3.14). Die zweite Lösung von (3.17) ist genau dann auch Lösung von (3.14), wenn (3.16), also

$$\frac{2b}{a+b} \neq \frac{a+b}{2a}$$

erfüllt ist, also

$$(a+b)^2 \neq 4ab$$

bzw.

$$a^2 + 2ab + b^2 - 4ab = a^2 - 2ab + b^2 = (a-b)^2 \neq 0.$$

Das gilt aber wegen (3.15) immer.

Zusammenfassend kann also gesagt werden: Unter der notwendigen Voraussetzung (3.15) erhält man alle Lösungen von (3.14) in der Form

$$x \text{ beliebig für } a = 0$$

und

$$\left.\begin{aligned} x_1 &= 0, \\ x_2 &= \frac{2b}{a+b} \end{aligned}\right\} \text{ für } a \neq 0.$$

3.4. Übungsaufgaben

3.1: *Lösen Sie folgende quadratische Gleichungen mit bestimmten Koeffizienten und führen Sie die Kontrollrechnung mittels Vietaschem Wurzelsatz durch!*

3.1.1: $x^2 + 5x - 14 = 0.$

3.1.2: $16x^2 + 120x + 221 = 0.$

3.1.3: $\left(x + \frac{3}{4}\right)\left(x - \frac{1}{4}\right) = \frac{5}{16}.$

3.1.4: $(8 + x)(8 - x) + (6 - x)(10 + x) = 76.$

3.1.5: $x^2 + 3x + 3 = 0.$

3.1.6: $\frac{6}{5}x^2 + \frac{21}{5} = \frac{23}{5}x.$

3.1.7: $24x^2 + 27 = 54x.$

3.1.8: $(x - 5)(x - 4) + (x - 6)(x - 3) = 10.$

3.1.9: $(2x - 3)^2 - (x - 5)^2 = 80.$

3.1.10: $\frac{10x - 1}{9} + \frac{6x - 1}{5} = \frac{1}{x} + 2x - 1.$

3.1.11: $\frac{2x + 1}{9} + \frac{6}{x + 2} = \frac{x - 2}{2} + \frac{x - 1}{3}.$

3.1.12: $\frac{8x^3 - 40x^2 + 1}{4x^2 - 12x + 9} = 2x - 3.$

3.1.13: $\frac{5 + 2x}{3 - 2x} - \frac{4 - 3x}{x} = \frac{2x}{x - 1}.$

3.1.14: $\frac{20 + x}{2x - 2} - \frac{9x^2 + x + 2}{6x^2 - 6} = \frac{5 - 3x}{x + 1} - \frac{10 - 4x}{3x + 3}.$

3.2: *Quadratische Gleichungen mit unbestimmten Koeffizienten*

3.2.1: $ax^2 - b = 1.$

3.2.2: $ax^2 - b = x^2 + 1.$

3.2.3: $(a + 2bx)^2 + (2ax - b)^2 = 2(4a^2x^2 + b^2).$

3.2.4: $(ax + b)(ax - b) = 0.$

3.2.5: $x^2 + (a^2 - x)^2 = (a^2 - 2x)^2.$

3.2.6: $(1 - ax)^2 = (1 - bx)^2.$

3.2.7: $a^2(1 - bx)^2 + b^2(ax - 1)^2 = a^2 + b^2.$

3.2.8: $a^2 - x^2 = (a - x)(b - x).$

3.2.9: $(a - x)(b - x) = x(a - x).$

3.2.10: $(a - b)^2 - x^2 = (x - a)(x - a + b).$

3.2.11: $\frac{(a - x)^2 + (x - b)^2}{(a - x)^2 - (x - b)^2} = \frac{a^2 + b^2}{a^2 - b^2}.$

3.2.12: $\frac{x}{a} - \frac{1}{bx - ax} + \frac{b}{a^2x - abx} = \frac{2}{a - b}$.

3.2.13: $\frac{x - a}{x} + \frac{3a^2}{x(a + x)} - \frac{x^2}{x^2 + ax} - \frac{3a - x}{x + a} = 0$.

3.2.14: $a^2 - \frac{a^2 - b^2}{2x - x^2} = \frac{b^2(x + 2)}{x - 2}$.

3.3: Biquadratische Gleichungen

3.3.1: $x^4 + 3x^2 - 4 = 0$.

3.3.2: $(x^2 - 10)(x^2 - 3) = 78$.

3.3.3: $x^4 + 29x^2 + 100 = 0$.

3.3.4: $x^4 - 41x^2 + 400 = 0$.

3.3.5: $16x^4 - 8a^2x^2 - 8b^2x^2 = 2a^2b^2 - a^4 - b^4$.

3.4: Gleichungssysteme, die auf quadratische Gleichungen führen

3.4.1: $x + 7y = 10$, $xy = 3$.

3.4.2: $x^2 + y^2 = 25$, $\frac{x}{y} = \frac{3}{4}$.

3.4.3: $3x - y = 1$, $x^2 + y^2 = 73$.

3.4.4: $x + y = 4$, $\frac{1}{x} + \frac{1}{y} = \frac{4}{3}$.

3.4.5: $3x - 2y = 0$, $x^2 - xy + y^2 = 7$.

3.4.6: $2x - 3y = \frac{1}{2}$, $2x^2 - xy - 3y^2 = 2$.

3.4.7: $x + y = 12$, $(x - 1)(y - 1) = 24$.

3.4.8: $7(x + 6)^2 - 9(y + 5)^2 = 118$, $x - y = 1$.

4. Potenzen, Wurzeln und Wurzelgleichungen

4.1. Zielstellung

Der vorliegende Abschnitt dient dem Erwerb von Fertigkeiten bei der Anwendung der Potenz- und Wurzelgesetze. Das Rechnen mit Wurzeln wird mit Hilfe der Erweiterung der Potenzgesetze auf rationale Exponenten durchgeführt. Dabei ist besonders darauf zu achten, daß Wurzeln nur für nichtnegative Radikanden sinnvoll und selbst nichtnegativ sind. Wurzeln und Potenzen von gegebenen reellen Zahlen sollen grundsätzlich mit Hilfe von Tafeln, Taschenrechnern und dem Rechenstab ermittelt werden.

Bei den Wurzelgleichungen ist zu beachten, daß eine Probe durch Einsetzen der aus der umgeformten Gleichung gewonnenen „Lösungen" in die Ausgangsgleichung im Gegensatz zu den linearen Gleichungen nicht nur eine Rechenkontrolle darstellt, sondern logisch notwendig ist (s. [2]).

4.2. Grundlegende Begriffe und Gesetze

4.2.1. Potenzgesetze für natürliche Exponenten

Für natürliche Exponenten $m, n = 1, 2, 3, \ldots$ und beliebige reelle Basen a, b gilt

$$a^n \cdot b^n = (a \cdot b)^n; \qquad \frac{a^n}{b^n} = \left(\frac{a}{b}\right)^n, \quad b \neq 0; \tag{4.1}$$

$$a^n \cdot a^m = a^{n+m}; \tag{4.2}$$

$$(a^n)^m = (a^m)^n = a^{n \cdot m}. \tag{4.3}$$

Für $n > m$ und $a \neq 0$ gilt ferner

$$a^n : a^m = a^{n-m}. \tag{4.4}$$

4.2.2. Potenzgesetze für ganze Exponenten

Setzt man für $a \neq 0$

$$a^0 = 1, \tag{4.5}$$

$$\frac{1}{a^n} = a^{-n}, \tag{4.6}$$

so gelten die Potenzgesetze (4.1), (4.2), (4.3) unter der Voraussetzung

$$a \neq 0, \quad b \neq 0 \tag{4.7}$$

auch, wenn m, n negative ganze Zahlen oder 0 sind.

4.2.3. Wurzelgesetze bzw. Potenzgesetze für rationale Exponenten

Ist $a \geqq 0$ reell und $n \geqq 1$, ganzzahlig, dann versteht man unter

$$b = \sqrt[n]{a} \quad (a \text{ – Radikand, } n \text{ – Wurzelexponent}) \tag{4.8}$$

diejenige **nichtnegative** Zahl b ($b \geqq 0$), für die gilt

$$b^n = a. \tag{4.9}$$

Setzt man ferner für $a > 0$

$$\sqrt[n]{a} = a^{\frac{1}{n}}, \tag{4.10}$$

so gelten die Formeln (4.1), (4.2), (4.3) unter der Bedingung (4.7) auch für rationale Exponenten m, n. Insbesondere ist

$$\sqrt[n]{a^m} = (\sqrt[n]{a})^m = a^{\frac{m}{n}}. \tag{4.11}$$

(Es sei hier bemerkt, daß die Potenzgesetze (4.1), (4.2), (4.3) sogar auf beliebige reelle Exponenten m, n ausgedehnt werden können.)

Durch (4.10) erhält man dann mit (4.1), (4.2) und (4.3) entsprechende Wurzelgesetze

$$\sqrt[n]{a} \cdot \sqrt[n]{b} = \sqrt[n]{ab}; \qquad \frac{\sqrt[n]{a}}{\sqrt[n]{b}} = \sqrt[n]{\frac{a}{b}} \quad (b > 0); \tag{4.12}$$

$$\sqrt[n]{a} \cdot \sqrt[m]{a} = \sqrt[n \cdot m]{a^{n+m}}; \tag{4.13}$$

$$\sqrt[n]{\sqrt[m]{a}} = \sqrt[n \cdot m]{a}. \tag{4.14}$$

Es empfiehlt sich jedoch im allgemeinen, mit (4.1), (4.2) und (4.3) bei Beachtung von (4.10) zu arbeiten. Dann erhält man an Stelle von (4.12) bis (4.14)

$$a^{\frac{1}{n}} \cdot b^{\frac{1}{n}} = (a \cdot b)^{\frac{1}{n}}, \qquad \frac{a^{\frac{1}{n}}}{b^{\frac{1}{n}}} = \left(\frac{a}{b}\right)^{\frac{1}{n}} \quad (b > 0), \tag{4.12'}$$

$$a^{\frac{1}{n}} \cdot a^{\frac{1}{m}} = a^{\frac{n+m}{n \cdot m}}, \tag{4.13'}$$

$$\left(a^{\frac{1}{m}}\right)^{\frac{1}{n}} = a^{\frac{1}{n \cdot m}}. \tag{4.14'}$$

4.2.4. Rationalmachen des Nenners

Treten Brüche mit irrationalen Nennern $\sqrt[s]{a^r}$ $(a > 0,\ r < s,\ s = 1, 2, 3, \ldots)$ auf, verfährt man wie folgt:

$$\frac{Z}{N} = \frac{Z}{a^{\frac{r}{s}}} = \frac{Z \cdot a^{1-\frac{r}{s}}}{a^{\frac{r}{s}} \cdot a^{1-\frac{r}{s}}} = \frac{Z \cdot a^{\frac{s-r}{s}}}{a^{\frac{r}{s}+1-\frac{r}{s}}} = \frac{Z \cdot \sqrt[s]{a^{s-r}}}{a}$$

$$\left(\text{z. B. } \frac{1}{\sqrt{2}} = \frac{1 \cdot \sqrt{2}}{\sqrt{2} \cdot \sqrt{2}} = \frac{1}{2}\sqrt{2}\right).$$

Bei Ausdrücken der Gestalt

$$\frac{Z}{N} = \frac{Z}{\sqrt{a} \pm \sqrt{b}}, \quad a \neq b,$$

können die Wurzeln aus dem Nenner beseitigt werden, indem man mit $\sqrt{a} \mp \sqrt{b}$ erweitert:

$$\frac{Z}{N} = \frac{Z(\sqrt{a} \mp \sqrt{b})}{a - b}.$$

4.2.5. Wurzelgleichungen

Von Wurzelgleichungen spricht man, wenn die Unbekannte x in rationalen Ausdrücken unter Wurzeln auftritt. So ist z. B. bei rationalen Ausdrücken R_1, R_2, R_3 die Gleichung

$$\sqrt{R_1(x)} - \sqrt{R_2(x)} - \sqrt{R_3(x)} = 0 \tag{4.15}$$

eine Wurzelgleichung. Durch wiederholtes Auflösen solcher Gleichungen nach einer Wurzel und anschließendes Potenzieren können die Wurzeln unter Umständen beseitigt werden (auch bei höheren Wurzeln). So erhält man aus (4.15)

$$\begin{aligned} \sqrt{R_1} &= \sqrt{R_2} + \sqrt{R_3}, \\ R_1 &= +R_2 + R_3 + 2\sqrt{R_2R_3}, \\ 2\sqrt{R_2R_3} &= R_1 - R_2 - R_3, \\ 4R_2R_3 &= (R_1 - R_2 - R_3)^2. \end{aligned}$$

Diese Gleichung ist dann eine rationale Gleichung für x:

$$R(x) = 0. \tag{4.16}$$

Nicht alle Lösungen von (4.16) sind aber notwendig Lösungen von (4.15), wie das Lehrbeispiel 4.9 zeigt. Jedoch kann es außer den Lösungen von (4.16) keine weiteren Lösungen von (4.15) geben. Man hat also (4.16) zu lösen und durch Einsetzen in (4.15) zu überprüfen, welche dieser Lösungen auch Lösungen von (4.15) sind. Diese Probe ist logisch notwendig und nicht nur eine Rechenkontrolle.

4.3. Lehrbeispiele

Beispiel 4.1: Die Schlußweise

$$\sqrt{-a} = (-a)^{\frac{1}{2}} = (-a)^{\frac{2}{4}} = \sqrt[4]{(-a)^2} = \sqrt[4]{a^2} = a^{\frac{2}{4}} = a^{\frac{1}{2}} = \sqrt{a}$$

ist für $a \neq 0$ falsch, denn die Potenzgesetze sind bei rationalen Exponenten nur für eine positive Basis uneingeschränkt gültig. Es kann aber nur a oder $-a$ positiv sein.

Beispiel 4.2:

$$\sqrt{a^2} = a$$

ist nicht korrekt, denn nach Definition ist die Wurzel aus einer Zahl immer derjenige positive Wert, der potenziert die ursprüngliche Zahl ergibt.

Es gilt daher

$$\sqrt{a^2} = |a| \quad \text{mit} \quad |a| = \begin{cases} a & \text{für } a \geqq 0, \\ -a & \text{für } a < 0. \end{cases}$$

Beispiel 4.3: Für $a > 0$ und beliebiges n und x gilt

$$\frac{a^{2n-x}}{a^{n-1}} : \frac{a^{n+x}}{a^{2x}} = a^{(2n-x)-(n-1)-(n+x)+2x} = a^1 = a.$$

Beispiel 4.4: Es gilt für $a \cdot b \cdot x \cdot y \neq 0$

$$\left(\frac{4a^{-3}b^0}{x^2y^{-1}}\right)^{-2} = 4^{-2}a^6b^0x^{+4}y^{-2} = \frac{a^6x^4}{16y^2}.$$

Beispiel 4.5: Es gilt für positive a, b, c, d

$$\frac{a^2\sqrt{b}\,c^{-2}}{\sqrt[3]{a^2\,b^{-3}}} : \frac{d^2\sqrt{c}}{\sqrt[5]{d\,a^{-5}}} = a^{\left(2-\frac{2}{3}-5\right)}\,b^{\left(\frac{1}{2}+3\right)}\,c^{\left(-2-\frac{1}{2}\right)}\,d^{\left(-2+\frac{1}{5}\right)}$$

$$= a^{-\frac{11}{3}}\,b^{\frac{7}{2}}\,c^{-\frac{5}{2}}\,d^{-\frac{9}{5}} = \frac{\sqrt{b^7}}{\sqrt[3]{a^{11}}\,\sqrt{c^5}\,\sqrt[5]{d^9}}.$$

Beispiel 4.6: Es gilt

$$\sqrt[3]{\sqrt{125}} = (125)^{\frac{1}{6}} = (5^3)^{\frac{1}{6}} = 5^{\frac{1}{2}} = \sqrt{5} = 2{,}2361.$$

Beispiel 4.7: Durch Rationalmachen des Nenners erhält man

$$\frac{3}{2\sqrt{3}} = \frac{3\sqrt{3}}{6} = \frac{1}{2}\sqrt{3};$$

$$\frac{1}{2-\sqrt{3}} = \frac{2+\sqrt{3}}{(2-\sqrt{3})(2+\sqrt{3})} = \frac{2+\sqrt{3}}{4-3} = 2+\sqrt{3};$$

$$\frac{1}{\sqrt{2}+\sqrt{3}} = \frac{\sqrt{2}-\sqrt{3}}{(\sqrt{2}+\sqrt{3})(\sqrt{2}-\sqrt{3})} = \sqrt{3}-\sqrt{2}.$$

Beispiel 4.8: Die Wurzelgleichung

$$7 + 3\sqrt{2x+4} = 16$$

wird auf folgendem Wege auf eine lineare Gleichung zurückgeführt:

$$\begin{aligned} 3\sqrt{2x+4} &= 9, \\ \sqrt{2x+4} &= 3, \\ 2x+4 &= 9, \\ 2x &= 5. \end{aligned}$$

Die Lösung dieser Gleichung

$$x = \frac{5}{2}$$

ist auch die Lösung der Ausgangsgleichung

$$7 + 3\sqrt{5+4} = 7 + 9 = 16.$$

Beispiel 4.9: Die Wurzelgleichung

$$\sqrt{2x+19} + 5 = 0$$

wird auf folgendem Wege auf eine lineare Gleichung zurückgeführt:

$$\begin{aligned} \sqrt{2x+19} &= -5, \\ 2x+19 &= 25, \\ 2x &= 6. \end{aligned}$$

Die Lösung dieser Gleichung

$$x = 3$$

befriedigt die Ausgangsgleichung nicht:

$$\sqrt{6 + 19} + 5 = 5 + 5 \neq 0.$$

Die Ausgangsgleichung hat also keine Lösung. Das hätte man sofort erkennen können, denn eine Wurzel ist immer nichtnegativ, daher ist die Ausgangsgleichung nicht erfüllbar.

Beispiel 4.10: Aus der Wurzelgleichung

$$\sqrt{x} - \sqrt{x - 1} = \sqrt{2x - 1}$$

erhält man durch Quadrieren der Seiten

$$x + x - 1 - 2\sqrt{x(x - 1)} = 2x - 1$$

und daher

$$x(x - 1) = 0$$

mit den Lösungen

$$x_1 = 0, \qquad x_2 = 1.$$

Für $x = x_1 = 0$ ist die Ausgangsgleichung nicht definiert. Für $x = x_2 = 1$ ist sie erfüllt. Die Ausgangsgleichung hat also nur die Lösung

$$x = 1.$$

4.4. Übungsaufgaben

Wenden Sie bei den folgenden Aufgaben 4.1 bis 4.7 die Definitionen und Gesetze der Potenz- und Wurzelrechnung an! Geben Sie dabei den Gültigkeitsbereich der Zahlen $a, b, c, \ldots, x, y, z$ an bzw. schließen Sie diejenigen Werte aus, die diese nicht annehmen dürfen!

4.1: *Addition und Subtraktion von Potenzen*

4.1.1: $(+2)^3 - (-2)^3 - (-2)^4 + (-2)^3.$

4.1.2: $(-x)^4 + (-2a)^4 - 2a^4 + (-3x)^4.$

4.1.3: $18(a-1)^3 - 3(1-a)^3 - 16(a-1)^3 - 4(1-a)^3 + 3(1-a)^3.$

4.1.4: $(x-4)\,a^3 + (x-2)\,a^3 - (2x-3)\,a^3 - (2x-4)\,a^3 + xa^3.$

4.2: *Multiplikation und Division von Potenzen mit gleicher Basis*

4.2.1: $\dfrac{a^{x+3} \cdot b^{x+1} \cdot a^{3+x} \cdot b^{3x-1}}{a^{x+1} \cdot b^{x-2} \cdot a^{3-x} \cdot b^{x}}.$

4.2.2: $\dfrac{a^{2n+x} \cdot b^{3n-x}}{a^{2n-x} \cdot b^{n+2x}} \cdot \dfrac{x^{2n-1} \cdot y^{3n+2}}{x^{n+1} \cdot y^{2n-3}}.$

4.2.3: $\dfrac{21a^3b^2 \cdot x^{n+1}}{18c^3 \cdot y^2 \cdot z^{n-3}} : \dfrac{35a^2b^3 \cdot x^{n+2}}{27c^2y^4 \cdot z^{n-2}}.$

4.2.4: $\frac{15ax^3 \cdot 3b^n(x-1)^2}{2by^3 \cdot 10a^n(x+1)^2} : \frac{3b^{n-1}(1-x)^3}{8a^{n+1}(1+x)^2}$.

4.2.5: $(a^{x-1}b^{n+1} + a^x b^n + a^{x+1}b^{n-1}) : a^{x-1}b^{n-2}$.

4.2.6: $(x^{2n} - y^{4m}) : (x^n + y^{2m})$. 4.2.7: $(a^{4n} - b^{4n}) : (a^{2n} - b^{2n})$.

4.2.8: $(64a^{15} + 27b^6) : (4a^5 + 3b^2)$.

4.2.9: $(10a^5 + 23a^4 + 18a^3 + 9a^2) : (2a^2 + 3a)$.

4.2.10: $(4x^5 - 6x^4y + 2x^3y^2 - x^2y^3 - 12xy^4 + 15y^5) : (2x^2 - 3y^2)$.

4.2.11: $(9a^4 - a^2b^4 + 16b^8) : (3a^2 - 5ab^2 + 4b^4)$.

4.3: Potenzieren von Potenzen, Multiplikation und Division von Potenzen mit gleichem Exponenten

4.3.1: $\left(\frac{2a^2x^2}{3b^2y^2}\right)^3 \cdot \left(\frac{4b^3x^2}{3a^3y^3}\right)^4 \cdot \left(\frac{9a^3y^6}{8b^3x^3}\right)^2$.

4.3.2: $\left(\frac{4a^2 - 25b^2}{x^2 - 4y^2}\right)^{n+1} \cdot \left(\frac{x^2 - 4xy + 4y^2}{4a^2 + 10ab}\right)^{n+1}$.

4.3.3: $\left(\frac{4a^2 - 9b^2}{2x^2 + 3xy}\right)^2 \cdot \left(\frac{4x^2 - 9y^2}{2ab - 3b^2}\right)^2$.

4.3.4: $\left(\frac{15a^2x^3}{8b^3y}\right)^2 \cdot \left(\frac{2ay^3}{3bx^3}\right)^3 : \left(\frac{25a^3y^3}{12b^4x}\right)^2$.

4.3.5: $\left[\frac{(a+b)^{3x-4}}{a^{x-1} \cdot b^2} : \frac{b^{2x-5}}{a^{4x-3}(a+b)^{3-2x}}\right] \cdot \frac{a^{4-3x} \cdot b^{3x-6}}{(a+b)^{x-2}}$.

4.3.6: $\frac{(9a - 3b)^2}{9b^2 - 81a^2}$. 4.3.7: $\frac{(6a + 3b)^2 \cdot (12a - 6b)^2}{(24a^2 - 6b^2)^2}$.

4.3.8: $\frac{(ax + ay)^{n+1} \cdot b^n}{(abx + aby)^{n-1}}$. 4.3.9: $\frac{(2ax + 2ay)^m \cdot (bx - by)^n}{(cx^2 - cy^2)^{m+n}}$.

4.4: Begriff der Wurzel. Geben Sie an, ob bzw. unter welchen Bedingungen folgende Zahlen Radikand einer Quadratwurzel sein können!

4.4.1: 2. 4.4.2: -3. 4.4.3: a.

4.4.4: $-a$. 4.4.5: $-a^2$. 4.4.6: $-a^3$.

4.4.7: $a + b$. 4.4.8: $a - b$. 4.4.9: $a^2 + b^2$. 4.4.10: $a^2 - b^2$.

4.5: Addition und Subtraktion von Wurzeln

4.5.1: $8\sqrt[3]{343} - 4\sqrt[3]{125} + 5\sqrt[3]{8} - 5\sqrt[3]{729}$.

4.5.2: $3\sqrt[4]{256} - 4\sqrt{49} - 7\sqrt[3]{27} + 2\sqrt[5]{32}$.

4.5.3: $\sqrt[3]{3^3 + 4^3 + 5^3}$.

4.5.4: $5\sqrt{63} - 2\sqrt{175} - \sqrt{343} + 3\sqrt{28}$.

4.6: *Multiplikation und Division von Wurzeln*

4.6.1: $(2\sqrt{5a} - 5\sqrt{2b})(2\sqrt{5a} + 5\sqrt{2b})$.

4.6.2: $(3\sqrt{2a} - 2\sqrt{3a} - \sqrt{a})(3\sqrt{2a} + 2\sqrt{3a} - \sqrt{a})$.

4.6.3: $(\sqrt{a} + \sqrt{b})^2$. 4.6.4: $\sqrt{\frac{9(a^2 - 2ab + b^2)}{25(a^2 + 2ab + b^2)}}$.

4.6.5: $\sqrt{a - \sqrt{a^2 - b^2}}\sqrt{a + \sqrt{a^2 - b^2}}$. 4.6.6: $\sqrt{a^2 - b^2} \cdot \sqrt{\frac{a + b}{a - b}}$.

4.7: *Radizieren von Potenzen und Wurzeln*

4.7.1: $\sqrt[2n+1]{a^{4n^2-1}}$. 4.7.2: $\frac{\sqrt[3]{3\sqrt{3}}}{\sqrt[6]{3}}$. 4.7.3: $\sqrt[4]{\sqrt[3]{a^{12}}}$.

4.7.4: $\sqrt[3]{\sqrt[5]{a^6 b^{15}}}$. 4.7.5: $\sqrt[4]{a^2 \sqrt[3]{a^2}}$. 4.7.6: $\sqrt{a\sqrt{a\sqrt{a}}}$.

4.7.7: $\sqrt[3]{a^2\sqrt{a\sqrt[3]{a^2}}}$.

4.8: *Machen Sie die Nenner folgender Brüche rational!*

4.8.1: $\frac{4}{\sqrt[3]{2}}$. 4.8.2: $\frac{x}{\sqrt[3]{x}}$. 4.8.3: $\frac{1}{\sqrt[12]{x^7}}$.

4.8.4: $\frac{1}{\sqrt[5]{a^7}}$. 4.8.5: $\sqrt[3]{\frac{1}{a}}$. 4.8.6: $\frac{ab}{c\sqrt{b}}$.

4.8.7. $\frac{3 + 2\sqrt{2}}{3 - 2\sqrt{2}}$. 4.8.8: $\frac{3\sqrt{5} - 2\sqrt{2}}{2\sqrt{5} - 3\sqrt{2}}$. 4.8.9: $\frac{1}{2 + \sqrt{3}}$.

4.8.10: $\frac{3\sqrt{2} + 2\sqrt{3}}{3\sqrt{2} - 2\sqrt{3}}$. 4.8.11: $\frac{60}{\sqrt{2} + \sqrt{5} - \sqrt{3}}$. 4.8.12: $\frac{1 + \sqrt{2} + \sqrt{3}}{2 - \sqrt{2} + \sqrt{6}}$.

4.9: *Wurzelgleichungen mit bestimmten Koeffizienten*

4.9.1: $\sqrt{x + 6} + \sqrt{x} + 1 = 0$. 4.9.2: $x + \sqrt{x^2 - 25} = 25$.

4.9.3: $9\sqrt{5x + 2} = 25 + 4\sqrt{5x + 2}$. 4.9.4: $\sqrt{x - 1} + \sqrt{x + 8} = 9$.

4.9.5: $\sqrt{x + 1} + \sqrt{x - 6} = \sqrt{x + 10} + \sqrt{x - 11}$.

4.9.6: $(7 - \sqrt{x})(8 - \sqrt{x}) = x + 11$.

4.9.7: $(3\sqrt{x} - 1)^2 + (4\sqrt{x} - 7)^2 = (5\sqrt{x} - 6)^2$.

4.9.8: $3\sqrt{2x - 1} - \sqrt{8x + 17} = \frac{2(x - 3)}{\sqrt{2x - 1}}$.

4.9.9: $\sqrt{16 + 3\sqrt{7x - 5}} = 2\sqrt{7}$.

4.9.10: $4\sqrt{2x - 1 - \sqrt{5x + 1}} + \sqrt{5x + 1} = 8$.

4.9.11: $\sqrt[3]{17 - 3\sqrt{5x - 6}} = 2.$

4.9.12: $\sqrt{x} + \sqrt{x + 3} = \sqrt{x + 8}\,.$ 4.9.13: $\dfrac{1 + \sqrt{x}}{1 - \sqrt{x}} = 3.$

4.9.14: $\dfrac{\sqrt{1 + x} + \sqrt{1 - x}}{\sqrt{1 + x} - \sqrt{1 - x}} = \dfrac{3}{2}.$ 4.9.15: $\sqrt{x + 2 + \sqrt{2x + 7}} = 4.$

4.9.16: $\sqrt{x + 3} + \sqrt{2(x - 4)} = \dfrac{15}{\sqrt{x + 3}}\,.$

4.9.17: $\sqrt{2(x - 3)} + \sqrt{x - 1} = \sqrt{x - 4} + \sqrt{2x - 1}\,.$

4.10: Wurzelgleichungen mit unbestimmten Koeffizienten

4.10.1: $3\sqrt{a - x} + 4\sqrt{x - b} = 4\sqrt{a - x} + 3\sqrt{x - b}\,.$

4.10.2: $\sqrt{x} + 3a = \sqrt{x + 4a^2}\,.$

4.10.3: $\sqrt{x - a} + \sqrt{x + b} = \sqrt{4x - a + b}\,.$

4.10.4: $\sqrt{x + a} = \sqrt{x} + \sqrt{b}\,.$

4.10.5: $a\sqrt{x - 5} - b\sqrt{5 - x} = c\sqrt{x - 5} - d\sqrt{5 - x}\,.$

4.10.6: $\sqrt{2x + 3a} - \sqrt{2x - a} = \sqrt{2a}.$

4.10.7: $\sqrt{a - x} - \sqrt{b - x} = \dfrac{a - b}{\sqrt{b - x}}\,.$

4.10.8: $\sqrt{\dfrac{a + x}{b + x}} = \sqrt{\dfrac{a}{b}}\,.$ 4.10.9: $\sqrt{\dfrac{a - x}{b - x}} = \sqrt{\dfrac{b}{a}}\,.$

4.10.10: $\dfrac{\sqrt{x} + 1}{\sqrt{x} - 1} = \dfrac{a}{b}\,.$ 4.10.11: $\dfrac{\sqrt{a + x} + \sqrt{b + x}}{\sqrt{a + x} - \sqrt{b + x}} = 3.$

5. Logarithmen, logarithmische Gleichungen und Exponentialgleichungen

5.1. Zielstellung

Der vorliegende Abschnitt dient der Erfassung des Begriffs des Logarithmus und dem Erwerb von Fertigkeiten bei der Anwendung der Logarithmengesetze. Ferner soll die Verwendung der Logarithmentafel, des Taschenrechners und des Rechenstabes geübt werden. Bei der Lösung von logarithmischen Gleichungen und Exponentialgleichungen ist zu beachten, daß eine Probe durch Einsetzen der gewonnenen „Lösungen" in die Ausgangsgleichung wie bei Wurzelgleichungen logisch notwendig ist (s. [2]).

5.2. Grundlegende Begriffe und Gesetze

5.2.1. Begriff des Logarithmus

Unter dem Logarithmus c einer positiven reellen Zahl a zur positiven reellen Basis $b \neq 1$

$$c = \log_b a, \quad a > 0, \quad b > 0, \quad b \neq 1, \tag{5.1}$$

versteht man diejenige reelle Zahl c, mit der die Basis b zu potenzieren ist, um a zu erhalten. Es ist also

$$b^c = a, \quad a > 0, \quad b > 0, \quad b \neq 1, \tag{5.2}$$

mit (5.1) gleichwertig. Man schreibt einen Logarithmus, wenn man die Basis b nicht konkret festlegen will, in der Form

$$c = \log a. \tag{5.3}$$

Für die Basis 10 und die Basis e = 2,71828... verwendet man die Symbole

$$\log_{10} a = \lg a, \qquad \log_e a = \ln a. \tag{5.4}$$

Wegen (5.1) und (5.2) gilt insbesondere

$$a = b^{\log_b a}. \tag{5.5}$$

Es gilt immer

$$\log_b 1 = 0, \qquad \log_b b = 1. \tag{5.6}$$

5.2.2. Logarithmengesetze

$$\log (x \cdot y) = \log x + \log y, \quad x > 0, \quad y > 0; \tag{5.7}$$

$$\log \frac{x}{y} = \log x - \log y, \qquad x > 0, \quad y > 0; \tag{5.8}$$

$$\log (x^y) = y \cdot \log x, \qquad x > 0; \tag{5.9}$$

$$\log \sqrt[y]{x} = \frac{1}{y} \log x, \qquad x > 0, \quad y \geqq 1, \text{ ganz}. \tag{5.10}$$

5.2.3. Umrechnungsformeln

Man kann einen Logarithmus zur Basis b in einen Logarithmus zu einer beliebigen zulässigen anderen Basis d nach folgender Formel umrechnen

$$\log_b a = \frac{\log_d a}{\log_d b} = (\log_b d) \cdot (\log_d a). \tag{5.11}$$

Es gilt speziell

$$\lg a = (\lg \mathrm{e}) \cdot (\ln a) = 0{,}43429 \cdot \ln a, \tag{5.12}$$

$$\ln a = (\ln 10) \cdot (\lg a) = 2{,}30259 \cdot \lg a. \tag{5.13}$$

5.3. Lehrbeispiele

Beispiel 5.1: Zur Festigung des Logarithmus-Begriffs wird eine Reihe sehr einfacher Exponentialgleichungen und logarithmischer Gleichungen gelöst.

a) $2^x = 16, \quad x = 4, \quad$ denn $\quad 16 = 2^4;$

b) $3^x = \frac{1}{9}, \quad x = -2, \quad$ denn $\quad \frac{1}{9} = 9^{-1} = 3^{-2};$

c) $\log_x 36 = 2$ ist gleichwertig mit $x^2 = 36 = 6^2, \quad x = 6;$

d) $\log_x \frac{1}{64} = -6$ ist gleichwertig mit $x^{-6} = \frac{1}{64} = \frac{1}{2^6} = 2^{-6}. \quad x = 2;$

e) $\log_5 125 = x$ ist gleichwertig mit $5^x = 125 = 5^3, \quad x = 3;$

f) $\log_{\frac{1}{2}} \frac{1}{16} = x$ ist gleichwertig mit $\left(\frac{1}{2}\right)^x = \left(\frac{1}{16}\right) = \left(\frac{1}{2}\right)^4, \quad x = 4;$

g) $\log_3 x = 5$ ist gleichwertig mit $3^5 = x, \quad x = 243;$

h) $\log_2 x = -5$ ist gleichwertig mit $2^{-5} = x, \quad x = \frac{1}{32}.$

Beispiel 5.2: Der Logarithmus eines komplizierten Ausdruckes kann auf Logarithmen einfacherer Ausdrücke zurückgeführt werden und umgekehrt.

$$\log \frac{2\sqrt{a+b}\, a^3 b^2}{\sqrt[3]{c}\,(a+c)^2} = \log 2 + \frac{1}{2} \log (a+b) + 3 \log a$$
$$+ 2 \log b - \frac{1}{3} \log c - 2 \log (a+c);$$

$$\log (a+b) + 2 \log (a-b) - \frac{1}{2} \log (a^2 - b^2)$$
$$= \log \frac{(a+b)(a-b)^2}{\sqrt{a^2 - b^2}} = \log \frac{(a^2 - b^2)(a-b)}{\sqrt{a^2 - b^2}}$$
$$= \log \left[\sqrt{a^2 - b^2}\,(a-b)\right].$$

Beispiel 5.3: Die Gleichung

$$\log_a (2x + 3) = \log_a (x - 1) + 1$$

ist gleichwertig mit

$$\log_a (2x + 3) - \log_a (x - 1) = 1,$$

$$\log_a \frac{2x + 3}{x - 1} = 1 = \log_a a,$$

$$\frac{2x + 3}{x - 1} = a,$$

$$2x + 3 = ax - a,$$

$$(a - 2)\, x = a + 3,$$

$$x = \frac{a + 3}{a - 2}. \tag{5.14}$$

Für $a = 2$ existiert keine Lösung. Es ist nun zu überprüfen, ob die angegebene „Lösung“ tatsächlich die Ausgangsgleichung befriedigt. Für $0 < a < 2$, $a \neq 1$ ist

$$x = \frac{a + 3}{a - 2} < 1$$

und die Gleichung sinnlos. Für $a > 2$ ist

$$x = \frac{a + 3}{a - 2} > 1$$

und damit die Gleichung sinnvoll. Es existiert also keine Lösung für $a \leqq 2$. Für $a > 2$ ist die Lösung durch (5.14) eindeutig bestimmt, wie man durch Einsetzen leicht bestätigen kann.
Bei den folgenden Beispielen können die gewonnenen Ergebnisse ausnahmslos durch die Probe als Lösungen bestätigt werden.

Beispiel 5.4: Aus der Gleichung

$$\left(\frac{3}{8}\right)^{3x+4} = \left(\frac{4}{5}\right)^{2x+1}$$

erhält man durch Logarithmieren

$$(3x + 4) \lg \frac{3}{8} = (2x + 1) \lg \frac{4}{5},$$

$$x = \frac{\lg \frac{4}{5} - 4 \lg \frac{3}{8}}{3 \lg \frac{3}{8} - 2 \lg \frac{4}{5}} = -1{,}4823.$$

Beispiel 5.5: Aus der Gleichung

$$\sqrt[x]{\frac{22}{25}} = \frac{15}{7}$$

erhält man wegen

$$\left(\frac{22}{25}\right)^{\frac{1}{x}} = \frac{15}{7},$$

$$\frac{1}{x} \lg \frac{22}{25} = \lg \frac{15}{7},$$

also

$$x = \frac{\lg \frac{22}{25}}{\lg \frac{15}{7}} = \frac{\lg 22 - \lg 25}{\lg 15 - \lg 7} = 0{,}16774.$$

Beispiel 5.6: Aus der Gleichung

$$2^x - 3^{x+1} = 2^{x+2} - 3^{x+2}$$

erhält man wegen

$$2^x - 2^{x+2} = 3^{x+1} - 3^{x+2}$$

$$2^x - 2^2 \cdot 2^x = 3 \cdot 3^x - 3^2 \cdot 3^x,$$

$$(1 - 4)\, 2^x = (3 - 9)\, 3^x,$$

$$\left(\frac{2}{3}\right)^x = 2,$$

$$x(\lg 2 - \lg 3) = \lg 2,$$

$$x = \frac{\lg 2}{\lg 2 - \lg 3} = -1{,}7095.$$

Beispiel 5.7: Aus der Gleichung

$$3 + 2\mathrm{e}^{-2x} - 5\mathrm{e}^{-x} = 0$$

erhält man durch die Substitution $\mathrm{e}^{-x} = y$ die quadratische Gleichung

$$2y^2 - 5y + 3 = 0$$

mit den Lösungen

$$y_1 = 1, \qquad y_2 = \frac{3}{2}.$$

Aus $\mathrm{e}^{x_1} = y_1 = 1$ und $\mathrm{e}^{-x_2} = y_2 = \frac{3}{2}$ erhält man $x_1 = 0$ und $x_2 = -\ln\frac{3}{2} = -0{,}40556$.

5.4. Übungsaufgaben

5.1: *Wenden Sie die Definition des Logarithmus an und ermitteln Sie die unbekannte Zahl x!*

5.1.1: a) $2^x = 64$. b) $64^x = 64$. c) $3^x = 81$. d) $2^x = \frac{1}{8}$.
e) $3^x = \frac{1}{3}$. f) $10^x = 0{,}01$. g) $5^x = 0{,}008$. h) $8^x = 4$.
i) $100^x = 0{,}01$. j) $25^x = 0{,}008$.

5.1.2: a) $\log_x 9 = 2$. b) $\log_x 243 = 5$.

c) $\log_x 1024 = 10$. d) $\log_x \frac{1}{16} = 4$.

e) $\log_x 4 = \frac{1}{2}$. f) $\log_x \frac{1}{32} = -5$.

g) $\log_x \frac{1}{5} = -1$. h) $\log_x 0{,}1 = -1$.

i) $\log_x 1 = 0$. j) $\log_x \sqrt{10} = \frac{1}{2}$.

5.1.3: a) $\log_7 49 = x$. b) $\log_5 1 = x$. c) $\log_7 \sqrt[6]{49} = x$.

d) $\log_{\frac{1}{2}} \frac{1}{4} = x$. e) $\lg 10^6 = x$. f) $\lg 1 = x$.

g) $\lg \sqrt[3]{100} = x$. h) $\lg \sqrt{\frac{1}{10}} = x$.

5.1.4: a) $\log_3 x = 4$. b) $\lg x = -3$. c) $\lg x = 0$.

d) $\log_{\frac{1}{2}} x = -5$. e) $\log_3 x = \frac{1}{3}$. f) $\log_5 x = -2$.

5.2: *Wenden Sie die Logarithmengesetze an und legen Sie den Gültigkeitsbereich von a, b, c, ... fest!*

5.2.1: a) $\lg \frac{a^2 b^3}{c}$. b) $\lg (a^2 - b^2)$. c) $\lg (a^2 + b^2)$.

d) $\lg (a + b)^2$. e) $\lg (a^2 b^2)$. f) $\lg \frac{ab}{a + b}$.

g) $\lg \frac{a^2 + b^2}{a^2 - b^2}$. h) $\lg \frac{a^2 b^2}{(a - b)^2}$. i) $\lg \frac{a^2 \sqrt{b}}{\sqrt{a^5 b^3}}$.

j) $\lg \left(\frac{a^3}{b}\right)^{\frac{5}{4}}$. k) $\lg \frac{b}{a} - \lg \frac{a}{b}$.

5.2.2: a) $\lg 2a + 2 \lg b + 2 \lg 2c$. b) $2 \lg a - 4 \lg b$.

c) $\frac{1}{2} \lg a + 2 \lg c - \frac{1}{3} \left(\lg b^3 + \lg a^{\frac{3}{2}}\right)$.

d) $\frac{1}{3} (\lg a + 3 \lg b) - \frac{1}{2} (4 \lg c - 2 \lg d)$.

e) $\frac{1}{2} \lg (a^2 - ab + b^2) + \frac{1}{2} \lg (a + b)$.

f) $-3 \lg a - \frac{1}{3} \lg b$. g) $\lg \frac{a}{b} + \lg (ab) - 2 \lg (a - b)$.

h) $\frac{1}{3}\lg a + \frac{1}{3}\lg(ab) - \lg b$.

i) $\frac{1}{2}\lg(a^2 + b^2) - \frac{1}{3}\lg(a - b) - \frac{1}{3}\lg(a + b)$.

5.3: *Berechnen Sie x logarithmisch und überprüfen Sie die Ergebnisse mit dem Rechenstab oder Taschenrechner!*

5.3.1: $x = \left(\frac{0{,}3085}{0{,}1668}\right)^6$.

5.3.2: $x = \left(2\frac{8}{91}\right)^5$.

5.3.3: $x = \frac{9807}{4875} \cdot \left(\frac{0{,}7873}{0{,}9175}\right)^3$.

5.3.4: $x = \sqrt[7]{\left(\frac{0{,}27}{3{,}054}\right)^3}$.

5.3.5: $x = \frac{352{,}8 \cdot \sqrt{0{,}2755}}{\sqrt[3]{0{,}425} \cdot 0{,}086}$.

5.3.6: $x = \sqrt[3]{\frac{16{,}82 \cdot 95{,}42}{256{,}8 \cdot 0{,}324^2}}$.

5.3.7: $x = \sqrt[3]{\frac{67{,}32}{3{,}615} \cdot \sqrt{\frac{189{,}5}{0{,}32}}}$.

5.3.8: $x = \sqrt[4]{\frac{0{,}613 \cdot 23{,}61^2}{\sqrt[3]{952{,}4}}}$.

5.4: *Lösen Sie folgende logarithmische Gleichungen!*

5.4.1: $2\lg x = \lg 4$.

5.4.2: $\lg(3x - 1) = 0{,}301$.

5.4.3: $\ln(2x - 3) = \frac{1}{2}$.

5.4.4: $1 + 3\lg x = 2{,}2$.

5.4.5: $3 - 2\lg 3x = 10{,}4$.

5.4.6: $3 + \lg\sqrt[3]{2(x + 1)} = 3{,}876$.

5.4.7: $12 - 2\lg 4x = 16$.

5.4.8: $\lg 8x^3 + 2\lg 4x^2 = 2611{,}2$.

5.4.9: $\lg x^6 = \lg x^3 + 6$.

5.4.10: $4 + \lg\sqrt[3]{x^7} = \lg\sqrt[3]{x}$.

5.4.11: $\frac{1}{2}\lg x^2 + \frac{1}{3}\lg x^3 = 0{,}0234$.

5.4.12: $2\lg(x + 3) = \lg(x + 1) + 1$.

5.4.13: $\lg 5^x + \lg 2^x - 1 = 0$.

5.4.14: $2\lg x = 3\lg 4$.

5.4.15: $\frac{1}{4}\lg x^5 + 3\lg\sqrt{x} - 3\lg\sqrt[4]{x} = 2(\lg 2 + \lg 3)$.

5.4.16: $2^{\lg x} = 2 \cdot 3^{\lg x}$.

5.4.17: $\lg\left(\sqrt{ax} + 1\right) + \lg\left(\sqrt{ax} - 1\right) - 2\lg(ax - 1) - 1 = 0$.

5.4.18: $\ln(a^2 + ab + b^2) + \ln(a - b) - \ln(a^3 - b^3) + \ln x = 0$.

5.5: *Lösen Sie folgende Exponentialgleichungen!*

5.5.1: $2^{3(x-1)} = 8^{1-x}$.

5.5.2: $7^{\frac{2}{x}} = 343^{\frac{1}{3}(x-1)}$.

5.5.3: $a^{10} \cdot a^{3(x-1)} = a \cdot a^{2(x+1)} \cdot a^{4(x-2)}$.

5.5.4: $\sqrt{a^{6(2-x)}} = a^{2(2x+3)}$.

5.5.5: $\sqrt[x-1]{a^{2x+1}} = \sqrt[x+2]{a^{x-2}}$.

5.5.6: $\sqrt[x-m]{a^n} = \sqrt[m]{a^{x-n}}$.

5.5.7: $\sqrt{a^{4-3x}} \cdot \sqrt[3]{a^{x+2}} \cdot \sqrt[4]{a^{5x-2}} \cdot \sqrt[5]{a^{5-2x}} = 1.$

5.5.8: $\left(\frac{3}{2}\right)^{x+1} = \left(\frac{2}{3}\right)^{3}.$

5.5.9: $2^x = 100.$

5.5.10: $\left(\frac{1}{4}\right)^{x} = 10000.$

5.5.11: $\sqrt[x+1]{0{,}26} = 100.$

5.5.12: $36^{-x} \cdot 1512^{x} = 54^{x+1}.$

5.5.13: $3700 \cdot \left(\frac{3}{2}\right)^{-(x+4)} = 4 \cdot \left(\frac{4}{3}\right)^{7-5x}.$

5.5.14: $a^{3-x} = 2b^{x}.$

5.5.15: $a^{nx}b^{x} = c.$

5.5.16: $\sqrt[x+1]{a} = bc.$

6. Trigonometrie und goniometrische Gleichungen

6.1. Zielstellung

Der vorliegende Abschnitt dient dem Erwerb von Fertigkeiten beim Umgang mit Winkeln im Grad- und Bogenmaß, bei der Anwendung der Winkelfunktionen für Berechnungen an rechtwinkligen und allgemeinen Dreiecken und bei der Anwendung der trigonometrischen Formeln, vor allem zur Lösung von goniometrischen Gleichungen.

Selbstverständlich soll dabei auch der Gebrauch von Rechenstab, Taschenrechner und Tafelwerken geübt werden. Bei den goniometrischen Gleichungen ist wiederum die Probe logisch notwendig. Es ist ferner streng auf die Angabe aller Lösungen zu achten (s. [3]).

6.2. Grundlegende Begriffe und Gesetze

6.2.1. Gradmaß und Bogenmaß

Ein Winkel x kann sowohl im Gradmaß

$$x = a^\circ \tag{6.1}$$

als auch im Bogenmaß

$$x = b \tag{6.2}$$

angegeben werden. Zwischen a und b bestehen die Beziehungen

$$a = \frac{180}{\pi} b = 57{,}296b; \qquad b = \frac{\pi}{180} a = 0{,}017453a. \tag{6.3}$$

6.2.2. Die Winkelfunktionen am rechtwinkligen Dreieck

Es gilt mit den Bezeichnungen von Bild 6.1

$$\sin\alpha = \frac{a}{c}, \quad \cos\alpha = \frac{b}{c}, \quad \tan\alpha = \frac{a}{b}, \quad \cot\alpha = \frac{b}{a},$$

$$\tan\alpha = \frac{\sin\alpha}{\cos\alpha}, \quad \cot\alpha = \frac{\cos\alpha}{\sin\alpha} = \frac{1}{\tan\alpha}. \tag{6.4}$$

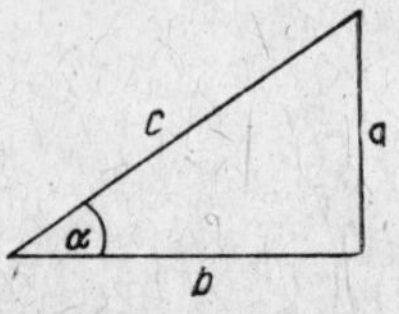

Bild 6.1

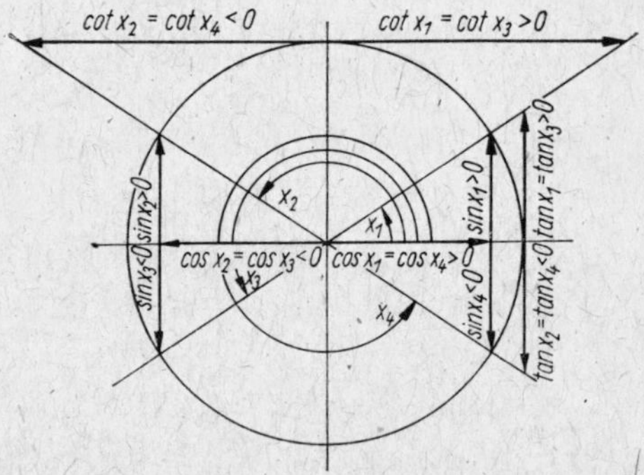

Bild 6.2

6.2.3. Die Winkelfunktionen am Einheitskreis

Die Werte der Winkelfunktionen sind im Bild 6.2 durch vorzeichenbehaftete Strecken (s. auch Tafel 6.1) dargestellt (mit $x_2 = \pi - x_1$, $x_3 = \pi + x_1$, $x_4 = 2\pi - x_1$). Daraus gewinnt man die Funktionsverläufe in Bild 6.3 und 6.4. Es ergeben sich unmittelbar die Perioden 2π für $\sin x$ und $\cos x$ und π für $\tan x$ und $\cot x$.

$$\sin x = \sin(x + 2k\pi), \qquad \cos x = \cos(x + 2k\pi),$$
$$\tan x = \tan(x + k\pi), \qquad \cot x = \cot(x + k\pi), \tag{6.5}$$
$$k = \cdots -3, -2, -1, 0, 1, 2, 3, \ldots$$

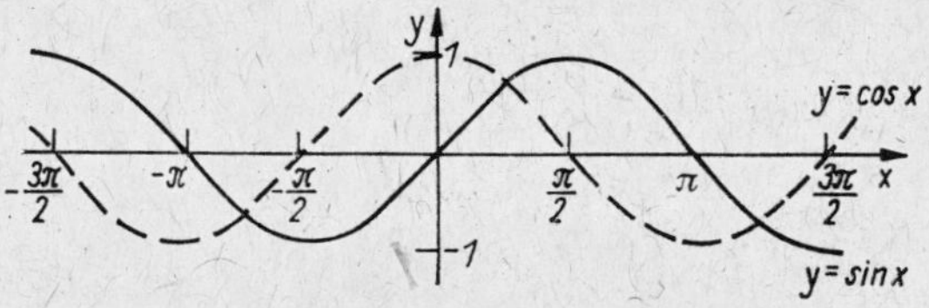

Bild 6.3

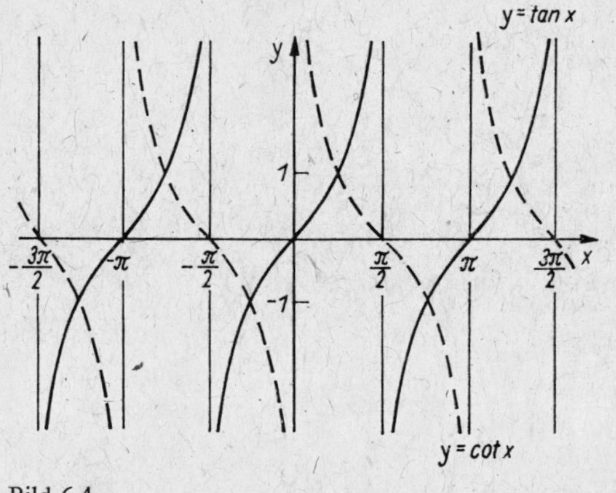

Bild 6.4

Die Vorzeichen der Winkelfunktionen und ihre Werte für einige ausgewählte Winkel entnehme man den folgenden Tafeln:

Tafel 6.1: Vorzeichen der Winkelfunktion

Quadrant	1.	2.	3.	4.
$\sin x$	+	+	−	−
$\cos x$	+	−	−	+
$\tan x$	+	−	+	−
$\cot x$	+	−	+	−

Tafel 6.2: Werte der Winkelfunktionen für einige ausgewählte Winkel

x	$\sin x$	$\cos x$	$\tan x$	$\cot x$
0°	$\frac{1}{2}\sqrt{0}$	$\frac{1}{2}\sqrt{4}$	0	nicht def.
30°	$\frac{1}{2}\sqrt{1}$	$\frac{1}{2}\sqrt{3}$	$\frac{1}{3}\sqrt{3}$	$\sqrt{3}$
45°	$\frac{1}{2}\sqrt{2}$	$\frac{1}{2}\sqrt{2}$	1	1
60°	$\frac{1}{2}\sqrt{3}$	$\frac{1}{2}\sqrt{1}$	$\sqrt{3}$	$\frac{1}{3}\sqrt{3}$
90°	$\frac{1}{2}\sqrt{4}$	$\frac{1}{2}\sqrt{0}$	nicht def.	0

6.2.4. Sinus- und Kosinussatz

Mit den Bezeichnungen von Bild 6.5 gilt

$$a : b : c = \sin\alpha : \sin\beta : \sin\gamma \quad (\textit{Sinussatz}), \tag{6.6}$$

$$c^2 = a^2 + b^2 - 2ab\cos\gamma \quad (\textit{Kosinussatz}). \tag{6.7}$$

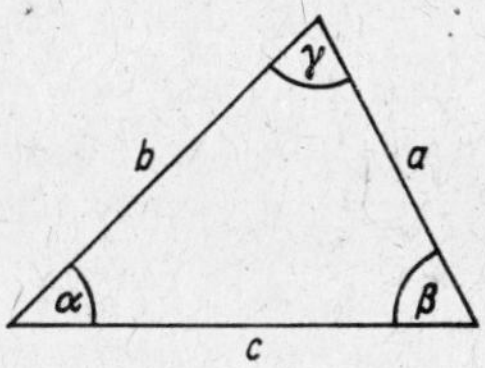

Bild 6.5

6.2.5. Trigonometrische Formeln

Es werden nur einige wichtige Formeln für die Sinusfunktion und die Kosinusfunktion angegeben. Die Tangens- und Kotangensfunktion sind auf diese beiden Funktionen leicht zurückführbar. Für weitere Formeln wird auf Tafelwerke verwiesen.

$$\sin^2 x + \cos^2 x = 1, \tag{6.8}$$

$$\sin(x \pm y) = \sin x \cos y \pm \cos x \sin y, \tag{6.9}$$

$$\cos(x \pm y) = \cos x \cos y \mp \sin x \sin y,$$

$$\sin 2x = 2\sin x \cos x, \qquad \cos 2x = \cos^2 x - \sin^2 x, \tag{6.10}$$

$$\sin 3x = 3\sin x - 4\sin^3 x, \quad \cos 3x = 4\cos^3 x - 3\cos x, \tag{6.11}$$

$$\sin x + \sin y = 2\sin\frac{x+y}{2}\cos\frac{x-y}{2},$$

$$\sin x - \sin y = 2\cos\frac{x+y}{2}\sin\frac{x-y}{2}, \quad (6.12)$$

$$\cos x + \cos y = 2\cos\frac{x+y}{2}\cos\frac{x-y}{2},$$

$$\cos x - \cos y = -2\sin\frac{x+y}{2}\sin\frac{x-y}{2}.$$

6.2.6. Goniometrische Gleichungen

Goniometrische Gleichungen sind Gleichungen zwischen verschiedenen Winkelfunktionen unterschiedlicher Argumente:

$$f(\sin a_1x,\ \sin a_2x,\ \ldots,\ \cos b_1x,\ \cos b_2x,\ \ldots,$$
$$\tan c_1x,\ \tan c_2x,\ \ldots,\ \cot d_1x,\ \cot d_2x,\ \ldots) = 0. \quad (6.13)$$

Zur Lösung einer solchen Gleichung kann folgender Weg oft erfolgreich beschritten werden:

1. Man drückt die in (6.13) auftretenden Winkelfunktionen mit Hilfe der trigonometrischen Formeln durch eine einzige Winkelfunktion eines einzigen Argumentes ax, also durch $\sin ax$ oder $\cos ax$ oder $\tan ax$ oder $\cot ax$ aus.

2. Man setzt die unter 1. festgelegte Winkelfunktion gleich y, also z. B.

$$y = \sin ax \quad (6.14)$$

und erhält durch Einsetzen in (6.13) eine Gleichung für die eine Veränderliche y

$$g(y) = 0. \quad (6.15)$$

3. Man ermittelt alle Lösungen $y_1, y_2, \ldots$ von (6.15).

4. Man macht die Substitution unter 2. rückgängig und ermittelt alle Lösungen x der Gleichungen, die im Falle (6.14) folgende Gestalt haben:

$$\sin ax = y_1,$$
$$\sin ax = y_2,$$
$$\vdots$$

5. Man überprüft sämtliche Lösungen durch Einsetzen in (6.13).

6.3. Lehrbeispiele

Es werden hier nur Lehrbeispiele für goniometrische Gleichungen angegeben. Für die übrigen Gebiete der Trigonometrie wird auf die Lehrbücher verwiesen.

Beispiel 6.1: Die Gleichung

$$\sin\frac{x}{2} = \frac{1}{2}\sqrt{3}$$

hat im Bereich $0 \leqq \frac{x}{2} < 2\pi$ ($\triangleq 360°$) die beiden Lösungen

$$\frac{x_1}{2} = 60° = \frac{\pi}{3}, \quad \frac{x_2}{2} = 120° = \frac{2\pi}{3}.$$

Wegen der Periode 2π der Sinusfunktion erhält man alle Lösungen in der Form

$$\left.\begin{aligned} \frac{x_1}{2} &= 60° + k \cdot 360° = \frac{\pi}{3} + 2k\pi, \\ \frac{x_2}{2} &= 120° + k \cdot 360° = \frac{2\pi}{3} + 2k\pi \end{aligned}\right\} \quad (k \text{ ganz})$$

bzw.

$$\left.\begin{aligned} x_1 &= 120° + k \cdot 720° = \frac{2\pi}{3} + 4k\pi, \\ x_2 &= 240° + k \cdot 720° = \frac{4\pi}{3} + 4k\pi. \end{aligned}\right\} \quad (k \text{ ganz})$$

Beispiel 6.2: In der Gleichung

$$\sin x + \cos x = 1$$

wird $\cos x$ nach (6.8) durch $\sin x$ ersetzt:

$$\cos x = \pm\sqrt{1 - \sin^2 x},$$
$$\sin x \pm \sqrt{1 - \sin^2 x} = 1.$$

Mit $y = \sin x$ erhält man weiter

$$\begin{aligned} y \pm \sqrt{1 - y^2} &= 1, \\ \pm\sqrt{1 - y^2} &= 1 - y, \\ 1 - y^2 &= 1 - 2y + y^2, \\ 2y^2 - 2y &= 2y(y - 1) = 0, \\ y_1 = 0, &\quad y_2 = 1, \\ \sin x_1 = 0, &\quad \sin x_2 = 1, \\ x_1 = 0 + k\pi, &\quad x_2 = \frac{\pi}{2} + 2k\pi, \quad k \text{ ganz}. \end{aligned}$$

Es ist nun zu überprüfen, ob alle diese Werte die Ausgangsgleichung befriedigen.

$$\sin x_1 + \cos x_1 = \sin k\pi + \cos k\pi = 0 + \begin{cases} 1 & \text{für } k \text{ gerade}, \\ -1 & \text{für } k \text{ ungerade}. \end{cases}$$

(Die Gleichung ist also nur für gerade k erfüllt.)

$$\begin{aligned} \sin x_2 + \cos x_2 &= \sin\left(\frac{\pi}{2} + 2k\pi\right) + \cos\left(\frac{\pi}{2} + 2k\pi\right) \\ &= \sin\frac{\pi}{2} + \cos\frac{\pi}{2} = 1 + 0. \end{aligned}$$

Daher erhält man alle Lösungen in der Form

$$x_1 = 2k\pi, \qquad x_2 = \frac{\pi}{2} + 2k\pi, \qquad k \text{ ganz},$$

bzw.

$$x_1 = k \cdot 360°, \quad x_2 = 90° + k \cdot 360°, \qquad k \text{ ganz}.$$

Beispiel 6.3: Die Gleichung

$$\cos x + \cos 2x = 0$$

wird mit (6.10) und (6.8) umgeformt.

$$\cos x + (\cos^2 x - \sin^2 x) = 0,$$

$$\cos x + \cos^2 x - (1 - \cos^2 x) = 0,$$

$$2\cos^2 x + \cos x - 1 = 0.$$

Mit

$$y = \cos x$$

wird daraus

$$y^2 + \frac{1}{2} y - \frac{1}{2} = 0,$$

$$y_1 = \frac{1}{2} = \cos x_1, \quad y_2 = -1 = \cos x_2,$$

$$x_1 = \pm 60° + k \cdot 360° = \pm \frac{\pi}{3} + 2k\pi, \qquad k \text{ ganz},$$

$$x_2 = 180° + k \cdot 360° = \pi + 2k\pi, \qquad k \text{ ganz}.$$

Durch Einsetzen in die Ausgangsgleichung werden diese Lösungen bestätigt.

6.4. Übungsaufgaben

6.1: *Folgende Winkel sind im Bogenmaß bzw. Gradmaß anzugeben:*

6.1.1: 435°.

6.1.2: $\frac{3\pi}{4}$.

6.1.3: 33′.

6.1.4: 0,02.

6.2: *Berechnen Sie jeweils die Werte der drei anderen Winkelfunktionen, wenn* $\sin\alpha$, $\cos\alpha$, $\tan\alpha$ *oder* $\cot\alpha$ *gegeben ist!*

6.2.1: $\sin\alpha = \frac{24}{25}$.

6.2.2: $\sin\alpha = \frac{1-49}{1+49}$.

6.2.3: $\cot\alpha = \frac{5}{12}$.

6.2.4: $\cos\alpha = \frac{2n}{1+n^2}$.

6.2.5: $\tan\alpha = \sqrt{3}$.

6.3: *Formen Sie mittels Additionstheoremen um:*

6.3.1: $y = \sin\left(\frac{3}{2}x + \pi\right)$.

6.3.2: $y = \cos\left(\frac{7}{2}\pi - \frac{x}{2}\right)$.

6.3.3: $y = -\cot(\pi - x)$.

6.3.4: $y = -\tan(\pi - x)$.

6.4: *Vereinfachen Sie folgende Ausdrücke mittels Additionstheoremen!*

6.4.1: $\sin\left(\alpha - \frac{\pi}{3}\right) + \sin\left(\alpha + \frac{\pi}{3}\right)$. 6.4.2: $\sin\left(\frac{\pi}{6} + \alpha\right) + \cos\left(\frac{\pi}{3} + \alpha\right)$.

6.4.3: $\cos\left(\alpha - \frac{\pi}{4}\right) + \cos\left(\alpha + \frac{\pi}{4}\right)$. 6.4.4: $\cos\left(\frac{\pi}{4} + \alpha\right) + \cos\left(\frac{\pi}{4} - \alpha\right)$.

6.5: *Sachaufgaben*

6.5.1: Auf einer schiefen Ebene mit dem Neigungswinkel 30° befindet sich ein 70 N schwerer Körper.
Wie groß sind Hangabtriebskraft und Normalkraft?

6.5.2: Um die Breite eines Flusses zu bestimmen, wird auf einem der beiden parallel verlaufenden Ufer eine Strecke von 38,35 m abgemessen und von deren Endpunkten aus ein an dem gegenüberliegenden Ufer befindlicher Pfeiler unter einem Winkel von 22°50′ bzw. 31°10′ angepeilt.
Berechnen Sie die Breite des Flusses!

6.5.3: Wie groß sind der Flächeninhalt und die Basis c eines gleichschenkligen Dreiecks ($a = b$, $\alpha = \beta$), von dem h_c und γ bekannt sind?

6.5.4: Zwei Kräfte von 11,2 N und 15,7 N, die einen gemeinsamen Angriffspunkt haben, schließen einen Winkel von 105° ein.
Wie groß ist die Resultierende und welchen Winkel bildet sie mit der ersten Kraft?

6.5.5: Wie groß sind die Entfernungen der Punkte A und B von dem unzugänglichen Punkt C, wenn $AB = 777{,}5$ m, $\sphericalangle\, CAB = 48°35'$, $\sphericalangle\, ABC = 63°28'$ ist? (s. Bild 6.6.)

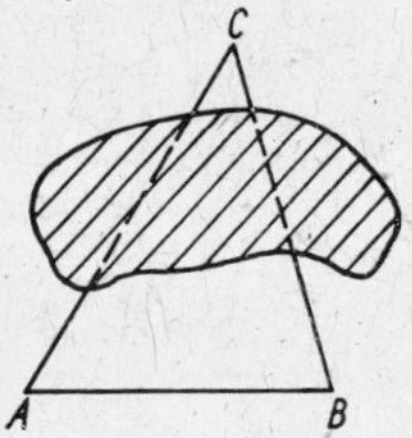

Bild 6.6

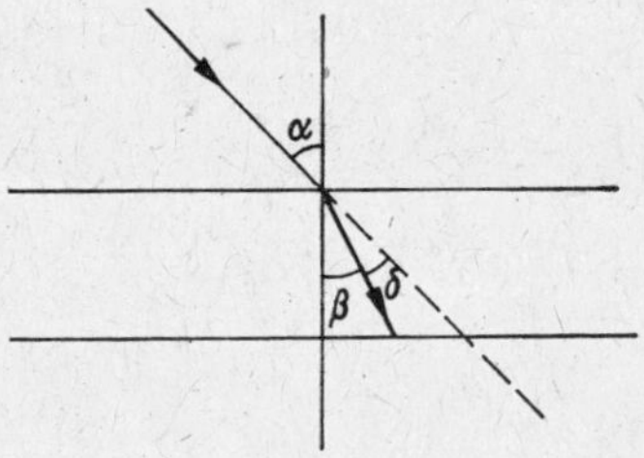

Bild 6.7

6.5.6: Eine Straße führt in gerader Linie zu einem Turm. Von der Plattform des Turmes aus erblickt man die Kilometersteine 3,2 und 3,3 unter den Tiefenwinkeln von $\alpha = 22{,}51°$ und $\beta = 39{,}14°$.
Wie hoch ist der Turm und wie weit ist er von dem ihm näher gelegenen Kilometerstein 3,2 entfernt?

6.5.7: Die Spitze C eines Berges erscheint von zwei in derselben Vertikalebene gelegenen Punkten A und B ($\overline{AC} < \overline{BC}$) eines Bergsees unter den Höhenwinkeln $\alpha = 15°38'18''$ und $\beta = 7°25'18''$.
Wie hoch liegt C über dem Wasserspiegel des Sees, wenn die Entfernung $\overline{AB} = 5{,}38$ km und die Augenhöhe 1,55 m beträgt?

6.5.8: Ein auf eine Glasplatte fallender Lichtstrahl wird z. T. durch diese gebrochen und dadurch von seiner ursprünglichen Richtung um $\delta = 15°$ abgelenkt. Wie groß ist sein Einfallswinkel α, wenn der Brechungsindex des Glases 1,52 ist? (s. Bild 6.7.)

6.6: Lösen Sie folgende goniometrische Gleichungen!

6.6.1: $\sin\frac{x}{3} = \frac{1}{2}\sqrt{3}$.

6.6.2: $\sin x = -0{,}9848$.

6.6.3: $\cot x = -11{,}4$.

6.6.4: $\sin\left(2x + \frac{\pi}{9}\right) = \frac{1}{2}$.

6.6.5: $\tan x = 1 - \sqrt{2}$.

6.6.6: $\cos\left(3x + \frac{\pi}{12}\right) = \frac{1}{2}\sqrt{2}$.

6.6.7: $\frac{1}{3}\sqrt{3}\cos x = \sin x$.

6.6.8: $\tan x \cos x = \frac{1}{2}\sqrt{2}$.

6.6.9: $\cos\left(3x - \frac{\pi}{5}\right) = \cos\left(x + \frac{\pi}{3}\right)$.

6.6.10: $5\sin^2 x = 3\sin x + \cos^2 x$.

6.6.11: $2\sin x = \cot x$.

6.6.12: $10\sin x + 4\cos x - 9 = 0$.

6.6.13: $\tan^2 x + \cos^2 x - \sin^2 x = 1$.

6.6.14: $\cos^2 x + 2\cos x - \sin^2 x + 1 = 0$.

6.6.15: $\sin x + \cos x = -1$.

6.6.16: $4\sin x + 2\cos^2 x = 3$.

6.6.17: $10\sin^2 x - 15\sin x\cos x - 5\cos^2 x = 7$.

6.6.18: $10\sin(108° - x) + 10\sin(x + 12°) - 15 = 0$.

6.6.19: $\sin\left(x - \frac{\pi}{12}\right)\cos\left(x + \frac{\pi}{12}\right) = 0{,}1830$.

6.6.20: $3\cos 3x = 4\sin x\cos x$.

6.6.21: $\sin x\cos x = 3 - 7\cos^2 x$.

6.6.22: $2\sqrt{2}\sin x\cos x = \sin x - \cos x$.

6.6.23: $\sin x - 3\cos x = \frac{1}{2}$.

6.6.24: $3\sin x - \sqrt{4 + 3\cos^2 x} = 4$.

7. Ebene Geometrie

7.1. Zielstellung

Im vorliegenden Abschnitt soll der Umgang mit den elementaren Begriffen der analytischen Geometrie der Ebene geübt werden, wie der Abstand zweier Punkte, die verschiedenen Formen der Geradengleichung und der Gleichungen der Kegelschnitte, der Schnittwinkel zweier Geraden usw. (s. [4] u. [5]).

7.2. Grundlegende Begriffe und Gesetze

7.2.1. Abstand zweier Punkte

Die Punkte $P_1(x_1, y_1)$ und $P_2(x_2, y_2)$ haben den Abstand

$$s = \sqrt{(x_2 - x_1)^2 + (y_2 - y_1)^2}. \tag{7.1}$$

7.2.2. Die Geradengleichung

Im folgenden werden die verschiedenen Formen der Geradengleichung zusammengestellt. Die Bedeutung der darin auftretenden Größen ist in den Bildern 7.1 und 7.2 dargestellt.

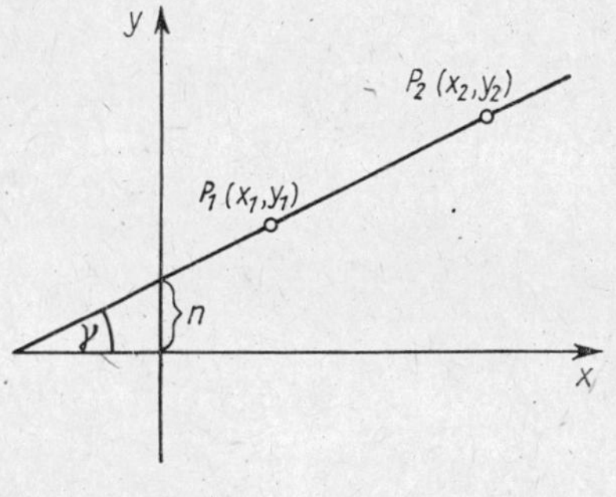

Bild 7.1

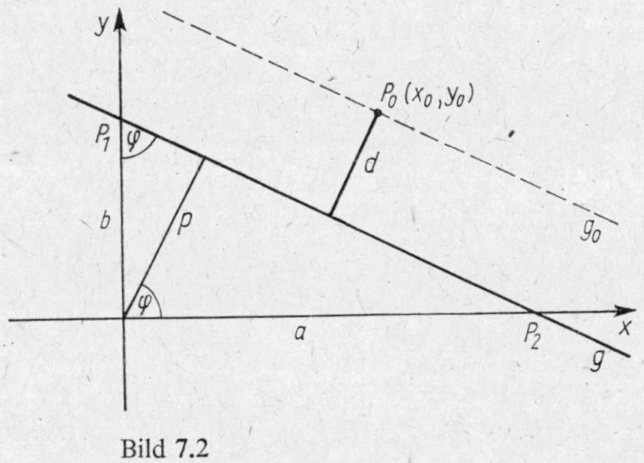

Bild 7.2

Normalform:

$$y = mx + n, \tag{7.2}$$

$$m = \tan\gamma; \tag{7.3}$$

Punktrichtungsgleichung:

$$\frac{y - y_1}{x - x_1} = m = \tan\gamma; \tag{7.4}$$

Zweipunktegleichung:

$$\frac{y - y_1}{x - x_1} = \frac{y_2 - y_1}{x_2 - x_1}; \tag{7.5}$$

ist im besonderen $P_1(0, b)$, $P_2(a, 0)$ (vgl. Bild 7.2), dann folgt durch Einsetzen in (7.5)

$\frac{y-b}{x} = \frac{-b}{a}$ und damit die Achsenabschnittsgleichung:

$$\frac{x}{a} + \frac{y}{b} = 1. \tag{7.6}$$

Allgemeine Form der Geradengleichung:

$$Ax + By + C = 0. \tag{7.7}$$

Aus dieser läßt sich jede andere Form der Gleichung ableiten, z. B. gilt für die Achsenabschnittsgleichung

$$a = \frac{-C}{A}, \; b = \frac{-C}{B}; \quad A, B, C \neq 0.$$

Es gilt (vgl. Bild 7.2) $\sin\varphi = \frac{p}{b}$, $\cos\varphi = \frac{p}{a}$, woraus sich $b = \frac{p}{\sin\varphi}$, $a = \frac{p}{\cos\varphi}$ ergeben. Einsetzen in (7.6) führt zur Hesseschen Normalform*)

$$x\cos\varphi + y\sin\varphi - p = 0; \tag{7.8}$$

dabei wird festgelegt, daß immer $p > 0$ gilt. Wegen

$$\cos\varphi = \frac{-Ap}{C}, \; \sin\varphi = \frac{-Bp}{C} \text{ und } \cos^2\varphi + \sin^2\varphi = 1$$

gilt

$$p = \frac{C}{\pm\sqrt{A^2 + B^2}}, \; A^2 + B^2 \neq 0,$$

wobei das Vorzeichen der Quadratwurzel so zu wählen ist, daß $p > 0$ wird. In (7.8) eingesetzt, ergibt sich

$$\frac{Ax + By + C}{\mp\sqrt{A^2 + B^2}} = 0. \tag{7.9}$$

Abstand d des Punktes $P_0(x_0, y_0)$ von einer Geraden g:

Da die Gleichung der Geraden g_0 durch den Punkt P_0 in der Hesseschen Normalform

$$x_0\cos\varphi + y_0\sin\varphi - (p + d) = 0$$

lautet (vgl. Bild 7.2), gilt

$$d = x_0\cos\varphi + y_0\sin\varphi - p, \quad p > 0, \tag{7.10}$$

bzw.

$$d = \frac{Ax_0 + By_0 + C}{\mp\sqrt{A^2 + B^2}}, \quad \frac{C}{\mp\sqrt{A^2 + B^2}} < 0; \tag{7.11}$$

es ist $d \gtrless 0$ je nachdem, ob P_0 und O auf verschiedenen Seiten bzw. auf derselben Seite von g liegen.

Winkel zwischen zwei Geraden

$$\tan\varphi = \frac{m_2 - m_1}{1 + m_1 \cdot m_2}, \quad m_1 \cdot m_2 \neq -1, \tag{7.12}$$

$$\varphi = \frac{\pi}{2} = 90° \quad \text{für} \quad m_1 \cdot m_2 = -1, \tag{7.13}$$

$$\varphi = 0 \quad \text{für} \quad m_1 = m_2.$$

7.2.3. Kegelschnitte*)

Zu den Kegelschnitten zählt man Ellipse, Hyperbel und Parabel. Diese Kurven entstehen, wenn ein gerader Doppelkegel von verschieden geneigten Ebenen geschnitten wird (Bild 7.3).

Es sei

α_i der Neigungswinkel der Schnittebene ($i = 1, 2, 3$),
β der Neigungswinkel der Mantellinien des Kegels.

Dann entsteht als Schnittkurve für

$\alpha_1 < \beta$ eine Ellipse,
$\alpha_2 > \beta$ eine Hyperbel,
$\alpha_3 = \beta$ eine Parabel.

Berührt E_3 den Kegelmantel, artet die Parabel zur Geraden aus.

Definitionen

1. (2.) *Die* **Ellipse (Hyperbel)** *ist die Menge aller Punkte in der Ebene, für die die Summe (Differenz) ihrer Abstände von zwei festen Punkten konstant ist.*
3. *Die* **Parabel** *ist die Menge aller Punkte der Ebene, deren Abstände von einer festen Geraden und von einem festen Punkt gleich sind.*

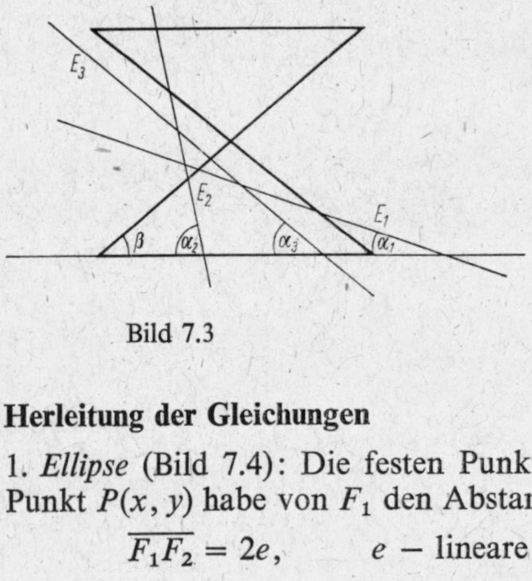

Bild 7.3

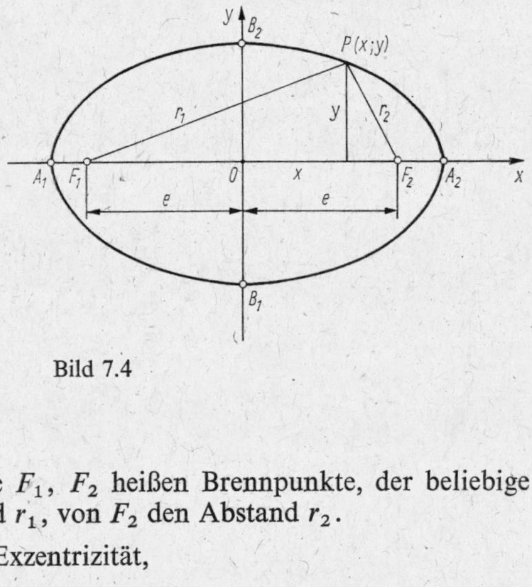

Bild 7.4

Herleitung der Gleichungen

1. *Ellipse* (Bild 7.4): Die festen Punkte F_1, F_2 heißen Brennpunkte, der beliebige Punkt $P(x, y)$ habe von F_1 den Abstand r_1, von F_2 den Abstand r_2.

$\overline{F_1F_2} = 2e$, e – lineare Exzentrizität,

$\varepsilon = \dfrac{e}{a} < 1$, ε – numerische Exzentrizität,

$\overline{OA_1} = \overline{OA_2} = a$ – große Halbachse,
$\overline{OB_1} = \overline{OB_2} = b$ – kleine Halbachse.

Es ist

$$r_1 + r_2 = \text{const} = 2a \text{ (nach Definition)}.$$

Aus Bild 7.4 folgt:

$$r_1 = \sqrt{(e + x)^2 + y^2}, \qquad r_2 = \sqrt{(e - x)^2 + y^2}.$$

Aus der Gleichung

$$\sqrt{(e+x)^2+y^2}+\sqrt{(e-x)^2+y^2}=2a$$

erfolgt durch Umformen und unter Berücksichtigung, daß $b^2 = a^2 - e^2$ ist, die Mittelpunktsgleichung der Ellipse:

$$\frac{x^2}{a^2}+\frac{y^2}{b^2}=1. \tag{7.14}$$

Man erhält für

$x = 0$ die kleine Halbachse: $y = \pm b$,
$y = 0$ die große Halbachse: $x = \pm a$.

2. *Hyperbel* (Bild 7.5): Hier ist

$r_1 - r_2 = \text{const} = 2a$ (nach Definition).

Die Herleitung der Mittelpunktsgleichung der Hyperbel erfolgt mit den Bezeichnungen von Bild 7.5 analog der für die Ellipse. Sie lautet

$$\frac{x^2}{a^2}-\frac{y^2}{b^2}=1. \tag{7.15}$$

(Hierbei ist zu beachten, daß für die Hyperbel $a^2 + b^2 = e^2$ ist.)

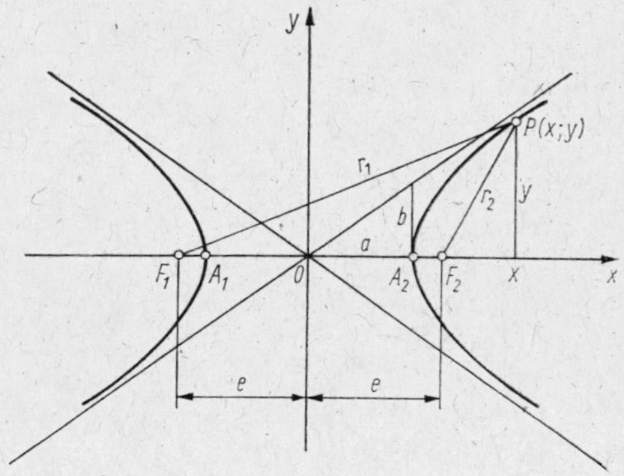

Bild 7.5

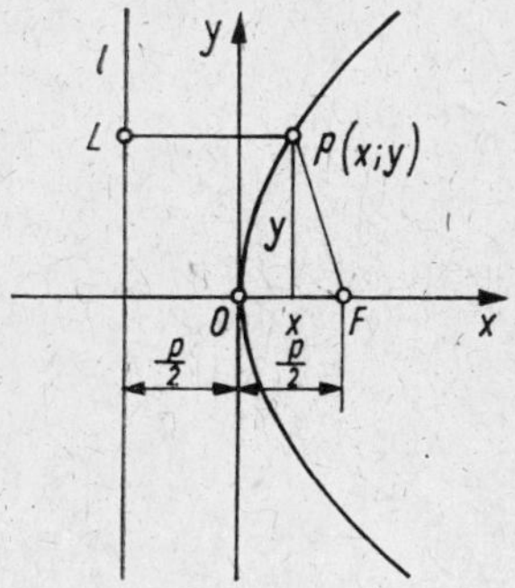

Bild 7.6

3. *Parabel* (Bild 7.6): Es seien

l – Leitlinie; F – Brennpunkt; p – Halbparameter.

Es ist

$\overline{PL} = \overline{PF}$ (nach Definition).

Mit den Bezeichnungen von Bild 7.6 gilt

$$(\overline{PF})^2=\left(\frac{p}{2}-x\right)^2+y^2 \quad \text{und} \quad \overline{PF}=\overline{PL}=x+\frac{p}{2},$$

also

$$\left(x+\frac{p}{2}\right)^2=\left(\frac{p}{2}-x\right)^2+y^2.$$

Daraus erhält man die Scheitelgleichung der Parabel (Scheitel liegt im Koordinatenursprung):

$$y^2 = 2px. \tag{7.16}$$

Die in den Abschnitten 7.2.4. bis 7.2.6. angegebenen Gleichungen der Kegelschnitte sind aus den Gleichungen (7.14) bis (7.16) durch Koordinatentransformationen leicht herzuleiten.

4. *Die Scheitelgleichungen von Ellipse und Hyperbel* lassen sich aus den Mittelpunktsgleichungen folgendermaßen herleiten:

Ellipse: Aus $a^2y^2 = a^2b^2 - b^2x^2$ wird mit Scheitelpunkt A_1 als Koordinatenursprung, d. h. für x wird $x - a$ gesetzt,

$$a^2y^2 = a^2b^2 - b^2x^2 + 2ab^2x - a^2b^2 \quad \text{und} \quad y^2 = \frac{2b^2}{a}x - \frac{b^2}{a^2}x^2;$$

mit $\frac{b^2}{a} = p$ erhält man schließlich die *Scheitelgleichung der Ellipse*

$$y^2 = 2px - \frac{p}{a}x^2.$$

Hyperbel: Entsprechende Umformungen von $a^2y^2 = a^2b^2 + b^2x^2$ (Scheitelpunkt A_2 als Koordinatenursprung, d. h., für x wird $x + a$ eingeführt) führen zur *Scheitelgleichung der Hyperbel*

$$y^2 = 2px + \frac{p}{a}x^2.$$

7.2.4. Die Ellipsengleichung*) und die Kreisgleichung

$$\frac{(x - x_m)^2}{a^2} + \frac{(y - y_m)^2}{b^2} = 1 \qquad \text{(Ellipse, Bild 7.7);} \qquad (7.17)$$

$$(x - x_m)^2 + (y - y_m)^2 = r^2 \qquad \text{(Kreis, Bild 7.8);} \qquad (7.18)$$

a, b: Halbachsen, r: Radius, $M(x_m, y_m)$: Mittelpunkt.

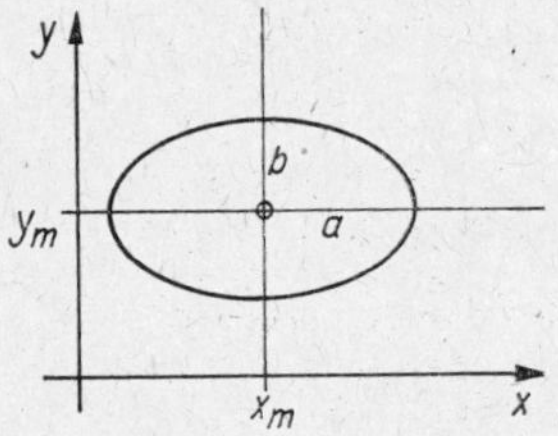

Bild 7.7

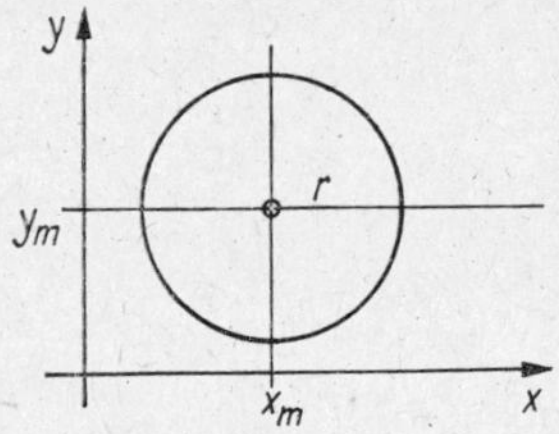

Bild 7.8

7.2.5. Die Hyperbelgleichung*)

$$\frac{(x - x_m)^2}{a^2} - \frac{(y - y_m)^2}{b^2} = 1 \qquad \text{(Hyperbel, Bild 7.9);} \qquad (7.19)$$

$$\frac{(y - y_m)^2}{b^2} - \frac{(x - x_m)^2}{a^2} = 1 \qquad \text{(Hyperbel, Bild 7.10);} \qquad (7.20)$$

a, b: Halbachsen, $M(x_m, y_m)$: Mittelpunkt.

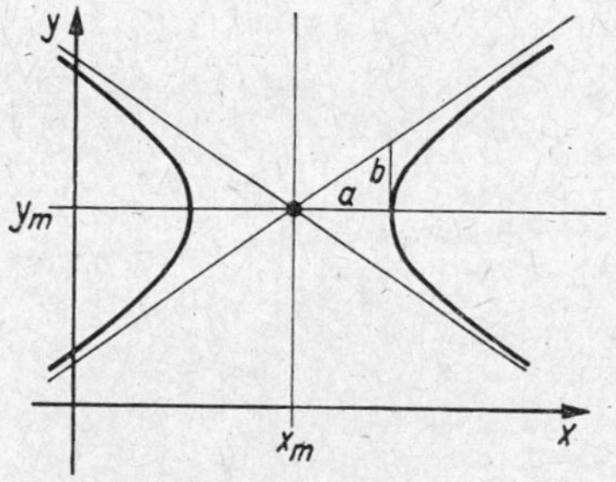

Bild 7.9

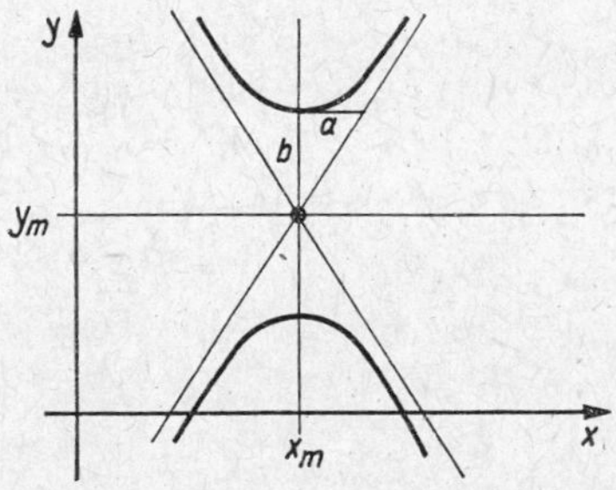

Bild 7.10

7.2.6. Die Parabelgleichung*)

$$(x - x_S)^2 = 2p(y - y_S) \quad \text{(Parabel, Bild 7.11);} \tag{7.21}$$

$$(y - y_S)^2 = 2p(x - x_S) \quad \text{(Parabel, Bild 7.12);} \tag{7.22}$$

F: Brennpunkt, $S(x_S, y_S)$: Scheitelpunkt.

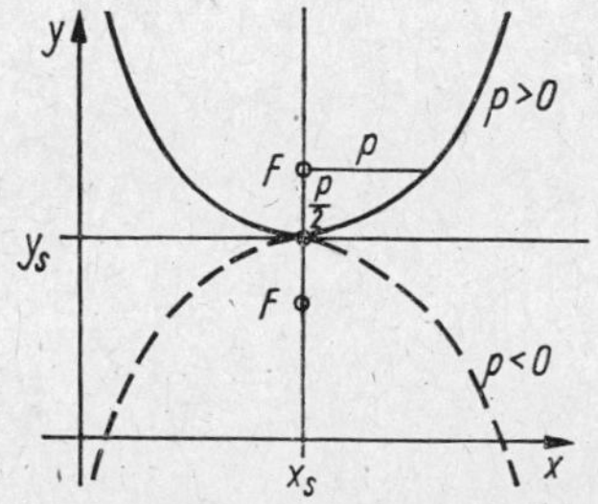

Bild 7.11

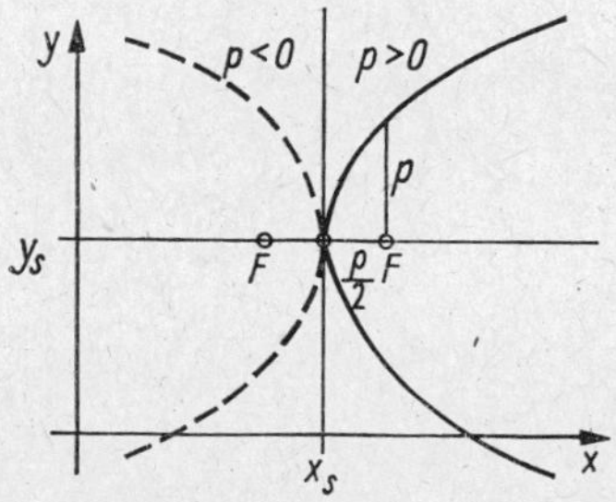

Bild 7.12

7.2.7. Allgemeine Kegelschnittgleichung*)

Die allgemeine Kegelschnittgleichung (ohne gemischte Glieder)

$$Ax^2 + By^2 + Cx + Dy + E = 0 \tag{7.23}$$

kann durch quadratische Ergänzung

$$Ax^2 + Cx = A\left[\left(x + \frac{C}{2A}\right)^2 - \frac{C^2}{4A^2}\right], \quad A \neq 0, \tag{7.24}$$

$$By^2 + Dy = B\left[\left(y + \frac{D}{2B}\right)^2 - \frac{D^2}{4B^2}\right], \quad B \neq 0 \tag{7.25}$$

auf eine der Normalformen (7.17) bis (7.22) gebracht werden.

7.2.8. Tangentengleichungen der Kegelschnitte*)

Die Gleichung der Tangente an den Kegelschnitt (7.23) im Punkt $P_1(x_1, y_1)$ lautet

$$Ax_1x + By_1y + \frac{C}{2}(x + x_1) + \frac{D}{2}(y + y_1) + E = 0. \tag{7.26}$$

Man hat also die Kegelschnittgleichung auf die Form (7.23) zu bringen und dort jeweils x^2 durch $x_1 x$, y^2 durch $y_1 y$, x durch $\frac{x + x_1}{2}$ und y durch $\frac{y + y_1}{2}$ zu ersetzen, um die Tangentengleichung zu erhalten. Insbesondere lauten die Gleichungen der Tangenten im Punkte $P_1(x_1, y_1)$ an den Kreis

$$(x - x_m)(x_1 - x_m) + (y - y_m)(y_1 - y_m) = r^2; \tag{7.27}$$

an die Ellipse

$$\frac{(x - x_m)(x_1 - x_m)}{a^2} + \frac{(y - y_m)(y_1 - y_m)}{b^2} = 1; \tag{7.28}$$

an die Parabel

$$(y - y_S)(y_1 - y_S) = p(x + x_1 - 2x_S). \tag{7.29}$$

7.3. Lehrbeispiele

Beispiel 7.1: Die Gleichungen der beiden Geraden (allgemeine Form)

$$g_1\colon x - 2y + 3 = 0, \qquad g_2\colon 3x - y - 1 = 0$$

haben die Normalformen

$$g_1\colon y = \frac{1}{2}x + \frac{3}{2}, \qquad g_2\colon y = 3x - 1.$$

Sie haben also den Anstieg $\frac{1}{2}$ bzw. 3 und schneiden die y-Achse bei $\frac{3}{2}$ bzw. -1.

Ihre Achsenabschnittsgleichungen lauten

$$g_1\colon \frac{x}{-3} + \frac{y}{\frac{3}{2}} = 1, \qquad g_2\colon \frac{x}{\frac{1}{3}} + \frac{y}{-1} = 1.$$

Sie schneiden also die x- bzw. y-Achse bei -3 bzw. $\frac{3}{2}$ und bei $\frac{1}{3}$ bzw. -1. Die Hesseschen Normalformen lauten

$$g_1\colon \frac{1}{\sqrt{5}}x - \frac{2}{\sqrt{5}}y + \frac{3}{\sqrt{5}} = 0, \quad g_2\colon \frac{3}{\sqrt{10}}x - \frac{1}{\sqrt{10}}y - \frac{1}{\sqrt{10}} = 0.$$

Die Geraden haben also die Abstände $\frac{3}{\sqrt{5}}$ und $\frac{1}{\sqrt{10}}$ vom Ursprung des Koordinatensystems.

Die Koordinaten des Schnittpunktes beider Geraden erhält man durch Lösung des Gleichungssystems:

$$x - 2y = -3, \qquad 3x - y = 1$$

in der Form

$$x_0 = 1, \qquad y_0 = 2.$$

Der Schnittwinkel φ genügt der Gleichung

$$\tan\varphi = \frac{m_2 - m_1}{1 + m_1 m_2} = \frac{3 - \frac{1}{2}}{1 + \frac{3}{2}} = \frac{\frac{5}{2}}{\frac{5}{2}} = 1$$

und hat damit den Wert

$$\varphi = 45° = \frac{\pi}{4}.$$

Die Gerade g_3, die durch den Schnittpunkt (1,2) geht und senkrecht auf g_1 steht, hat die Richtung

$$m = -\frac{1}{m_1} = -2.$$

Ihre Punktrichtungsgleichung lautet

$$\frac{y-2}{x-1} = -2, \quad \text{also} \quad 2x + y = 4 \quad \text{bzw.} \quad y = -2x + 4.$$

Auf dieser Geraden liegt der Punkt (0,4). Er hat von der Geraden g_1 einen Abstand d, der sich nach (7.11) ergibt:

$$d = \frac{1 \cdot 0 + (-2) \cdot 4 + 3}{-\sqrt{5}} = \sqrt{5}.$$

*Beispiel 7.2**): Die Gleichung

$$y^2 - 4x + 8y + 6 = 0$$

nimmt durch quadratische Ergänzung $y^2 + 8y = (y+4)^2 - 16$ die Form

$$(y+4)^2 - 4x - 10 = 0$$

bzw.

$$(y+4)^2 = 4\left(x + \frac{5}{2}\right)$$

an und stellt damit eine Parabel dar, die nach rechts geöffnet ist, den Scheitelpunkt $S\left(-\frac{5}{2}, -4\right)$ und wegen $p = 2$, d. h. $\frac{p}{2} = 1$ den Brennpunkt $F\left(-\frac{5}{2} + 1, -4\right)$ $= F\left(-\frac{3}{2}, -4\right)$ hat.

*Beispiel 7.3**): Die Gleichung

$$4x^2 + 9y^2 - 12x - 24y - 119 = 0$$

nimmt durch quadratische Ergänzung

$$4x^2 - 12x = 4(x^2 - 3x) = 4\left\{\left(x - \frac{3}{2}\right)^2 - \frac{9}{4}\right\} = 4\left(x - \frac{3}{2}\right)^2 - 9,$$

$$9y^2 - 24y = 9\left(y^2 - \frac{24}{9}y\right) = 9\left\{\left(y - \frac{12}{9}\right)^2 - \frac{144}{81}\right\} = 9\left(y - \frac{4}{3}\right)^2 - 16$$

die Form

$$4\left(x-\frac{3}{2}\right)^2+9\left(y-\frac{4}{3}\right)^2-144=0$$

bzw.

$$\frac{\left(x-\frac{3}{2}\right)^2}{6^2}+\frac{\left(y-\frac{4}{3}\right)^2}{4^2}=1$$

an und stellt damit eine Ellipse mit den Halbachsen 6 und 4 und dem Mittelpunkt $M\left(\frac{3}{2}, \frac{4}{3}\right)$ dar.

*Beispiel 7.4**): Die Gleichung

$$5x^2-7y^2-30x-28y-18=0$$

nimmt durch quadratische Ergänzung

$$5x^2-30x=5(x^2-6x)=5\{(x-3)^2-9\}=5(x-3)^2-45,$$
$$-7y^2-28y=-7(y^2+4y)=-7\{(y+2)^2-4\}=-7(y+2)^2+28$$

die Form

$$5(x-3)^2-7(y+2)^2-35=0$$

bzw.

$$\frac{(x-3)^2}{(\sqrt{7})^2}-\frac{(y+2)^2}{(\sqrt{5})^2}=1$$

an und stellt damit eine horizontal geöffnete Hyperbel mit den Halbachsen $\sqrt{7}$ und $\sqrt{5}$ und dem Mittelpunkt $M(3, -2)$ dar.

7.4. Übungsaufgaben

7.1: *Gerade*

7.1.1: Stellen Sie die Gleichungen der Geraden auf, die durch den Punkt P_1 geht und deren Anstiegswinkel $\alpha = \pm\frac{\pi}{4}$ bzw. $\alpha = \pm\frac{\pi}{6}$ beträgt!

a) $P_1(1; -1)$, b) $P_1\left(-\frac{3}{2}; \frac{1}{2}\right)$.

7.1.2: Wie lauten die Achsenabschnittsgleichung, allgemeine Form und Normalform der Geraden, die durch folgende Achsenabschnitte gegeben sind? Wie groß sind die Anstiegswinkel der Geraden?

a) $a = 3, \quad b = 2$; b) $a = -2, \quad b = -4$.

7.1.3: Berechnen Sie den Abstand folgender paralleler Geraden!

a) $7x + 24y + 41 = 0$ und $7x + 24y - 4 = 0$;
b) $5x - 12y - 18 = 0$ und $5x - 12y + 26 = 0$.

7.1.4: Bestimmen Sie die Koordinaten der Schnittpunkte sowie den Schnittwinkel folgender Geradenpaare!

a) $\frac{2x+3}{5}-\frac{3y-5}{7}=x-y$ und $\frac{4x-3}{7}+\frac{2y+7}{5}=3y-x$;

b) $\frac{2x+1}{24} + \frac{x+3y}{40} = \frac{5y-9}{15}$ und $\frac{y-x-2}{14} - \frac{2(y-2)}{35} = \frac{3y-7x}{70}$.

7.1.5: Die Gleichungen der drei Seiten eines Dreiecks lauten:

a: $5x + 3y - 9 = 0$,
b: $9x - 2y + 43 = 0$,
c: $x + 8y + 13 = 0$.

Berechnen Sie die

a) Koordinaten der Eckpunkte,
b) Längen der Seiten,
c) Gleichungen und Längen der Seitenhalbierenden,
d) Gleichungen und Längen der Höhen,
e) Winkel des Dreiecks,
f) Gleichungen der Mittelsenkrechten und die Koordinaten ihres Schnittpunktes.

7.1.6: Durch den Punkt $P(3; 2)$ ist zu der Geraden

a) $y = 2x + 3$, b) $\frac{x}{4} + \frac{y}{5} = 1$

die Parallele zu ziehen. Wie lautet ihre Gleichung?

7.1.7: Durch den Punkt $P(-2; 3)$ soll eine Gerade gezogen werden, die die Gerade $y = 2x - 5$ unter einem Winkel von 45° schneidet. Wie lautet die Gleichung der Geraden?

7.2: *Kreis*

7.2.1: Stellen Sie die Gleichung des Kreises auf, der

a) den Mittelpunkt $M(-2; 3)$ hat und durch den Punkt $P(1; -1)$ geht,
b) durch den Punkt $P(3; 4)$ verläuft und beide Koordinatenachsen berührt,
c) durch die Punkte $P_1(6; -1)$, $P_2(0; 2{,}5)$ und $P_3(-1{,}5; 1)$ geht,
d) den Radius $r = 4$ hat, dessen Mittelpunkt auf der x-Achse liegt und der die y-Achse im Nullpunkt berührt,
e) durch die Punkte $P_1(-3; 3)$ und $P_2(1; -5)$ geht und den Radius $r = 5$ hat,
f) durch die Punkte $P_1(5; 3)$ und $P_2(1; 1)$ geht und die y-Achse berührt.

7.2.2: Ermitteln Sie die Koordinaten der Punkte, in denen sich die folgenden Kurven schneiden oder berühren!

a) $x^2 + y^2 - 16x + 4y - 157 = 0$ und $-x + y - 11 = 0$,

b) $x^2 + y^2 + 2x + 2y - 50 = 0$ und $y = -\frac{2}{3}x + 7$,

c) $2x^2 + 2y^2 + 4x + 4y - 9 = 0$ und $y = \frac{3}{2}x - 6$,

d) $x^2 + y^2 - 100 = 0$ und $x - y = 4$.

7.2.3: Wie lauten die Gleichungen der Tangenten

a) des Kreises $(x - 3)^2 + (y - 4)^2 = 36$ in den Schnittpunkten mit den Koordinatenachsen,

b) in den Kreispunkten $P_1\ (5; \sqrt{11})$, $P_2\ (4\sqrt{2}; 2)$ und $P_3\ (4; 2\sqrt{5})$ an den Kreis $x^2 + y^2 = 36$,

c) an den Kreis $x^2 + y^2 - 12x - 6y + 20 = 0$ in den Punkten mit der Abszisse $x_0 = 2$,

d) an den Kreis $x^2 + y^2 = 16$, die parallel zu der Geraden $2x + y - 1 = 0$ verlaufen bzw. senkrecht auf ihr stehen?

7.2.4: Welche Lage haben folgende Kreise zueinander?
Ermitteln Sie die Schnittpunkte, falls die Kreise einander schneiden!

a) $x^2 + y^2 - 2x - 2y + 1 = 0$ und $x^2 + y^2 - 2x - 2y - 2 = 0$;

b) $x^2 + y^2 - 4x - 6y + 9 = 0$ und $x^2 + y^2 + 4x - 6y + 9 = 0$;

c) $x^2 + y^2 - 8x - 10y - 40 = 0$ und $x^2 + y^2 + 6x + 4y - 12 = 0$;

d) $x^2 + y^2 - 6x + 6y + 9 = 0$ und $x^2 + y^2 + 14y - 15 = 0$;

e) $x^2 + y^2 + x - 4y - 16 = 0$ und $x^2 + y^2 - x - 3y - 10 = 0$.

7.3: Parabel)*

7.3.1: Stellen Sie die Gleichung der Parabel mit dem Halbparameter $p = 3$ auf, wenn deren Achse

a) mit der x-Achse, b) mit der y-Achse

zusammenfällt und ihr Scheitel im Ursprung des Koordinatensystems liegt.

7.3.2: Welche Gleichung hat die Parabel, deren Scheitel im Ursprung liegt, deren Achse eine Koordinatenachse ist und die durch den Punkt

a) $P_1(5; 4)$; b) $P_2(9; -2)$

geht? Welche Brennweiten und Halbparameter haben die einzelnen Parabeln?

7.3.3: In welcher Beziehung stehen die Geraden

a) $y = \frac{1}{2}x + 2$, b) $y = 2x + 1$, c) $y = -2x + 4$

zur Parabel $y^2 = 4x$?

7.3.4: Wie lautet die Gleichung einer Parabel mit

a) $S(-2; 3)$, $p = 2$, Parabelachse parallel zur x-Achse;

b) $S(0; -4)$, $p = -\frac{1}{2}$, Parabelachse parallel zur x-Achse;

c) $S(3; 1)$, $p = 7$, Parabelachse parallel zur y-Achse;

d) $S(-5; 0)$, $p = -3$ Parabelachse parallel zur y-Achse.

7.3.5: Bestimmen Sie Scheitel, Halbparameter und Achsenrichtung der folgenden Parabeln!

a) $x^2 + 6x - 2y + 11 = 0$; b) $y^2 + 3x - 2y + 1 = 0$;

c) $x^2 + 8x + y + 12 = 0$; d) $y^2 + 3x - 2 = 0$;

e) $3x^2 - 6x - y + 1 = 0$; f) $y = x^2 - 6x + 9$.

7.3.6: Wie lautet die Gleichung der Parabel, die durch die drei Punkte $P_1(1; -2)$, $P_2(2; -1)$ und $P_3(-1; 8)$ geht und deren Achse parallel zur y-Achse verläuft?
Bestimmen Sie den Scheitel und den Halbparameter dieser Parabel!

7.4: *Ellipse**)

7.4.1: Bestimmen Sie die Halbachsen, die Haupt- und Nebenscheitel, die Brennpunkte sowie den Halbparameter der Ellipse

$$\frac{x^2}{25} + \frac{y^2}{9} = 1.$$

7.4.2: Die halbe Hauptachse einer Ellipse, die durch den Punkt $P\left(3; -\frac{16}{5}\right)$ geht und deren Mittelpunkt $M(0, 0)$ ist, hat den Wert 5.
Wie lautet die Gleichung der Ellipse?

7.4.3: Wie lautet die Gleichung der Ellipse, die durch die beiden Punkte $P_1(6; -4)$ und $P_2(-8; 3)$ geht? (Mittelpunkt $M(0, 0)$)

7.4.4: Bestimmen Sie Mittelpunkt und Halbachsen folgender Ellipsen!

a) $\frac{(x-3)^2}{100} + \frac{(y-1)^2}{25} = 1$; b) $32x^2 + 8(y+7)^2 = 256$;

c) $4x^2 + 12y^2 - 8x - 48y + 4 = 0$;

d) $16x^2 + 9y^2 + 96x - 72y + 144 = 0$.

7.4.5: Wie lauten die Gleichungen der Ellipsen mit

a) $M(3; 0)$, $b = 6$, $e = 8$;

b) $M(0; -6)$, $a = 13$, $e = 5$.

7.5: *Hyperbel**)

7.5.1: Bestimmen Sie die Halbachsen, die lineare Exzentrizität, die Hauptachsenrichtung sowie die Gleichungen der Asymptoten folgender Hyperbeln!

a) $\frac{x^2}{9} - \frac{y^2}{16} = 1$; b) $144x^2 - 25y^2 = 3600$;

c) $3y^2 - x^2 = 3$; d) $64x^2 - 36y^2 + 2304 = 0$.

7.5.2: Wie lautet die Gleichung der gleichseitigen Hyperbel, die durch den Punkt $P(6; 4)$ geht und deren Hauptachse auf der x-Achse liegt? (Mittelpunkt $M(0, 0)$)

7.5.3: Wie lautet die Gleichung der Hyperbel, deren Hauptachse auf der x-Achse liegt und die durch die Punkte

$P_1\left(13; -9\frac{3}{5}\right)$ und $P_2\left(6\frac{1}{4}; -3\right)$ geht? (Mittelpunkt $M(0, 0)$)

7.5.4: Eine Hyperbel, deren Hauptachse $2a = 12$ ist, geht durch den Punkt $P(10; 12)$. Wie lautet die Hyperbelgleichung? (Mittelpunkt $M(0, 0)$)

7.5.5: Eine Hyperbel hat die beiden Asymptoten $y = 0{,}5x$ und $y = -0{,}5x$ sowie die Scheitelpunkte $S_1(0; 2)$ und $S_2(0; -2)$. Wie heißt ihre Gleichung? (Mittelpunkt $M(0, 0)$)

7.5.6: Wo liegen die Schnittpunkte der Hyperbel $x^2 - y^2 = a^2$ mit dem Kreis $x^2 + y^2 = 2a^2$?

7.5.7: Bestimmen Sie Mittelpunkt, Achsenlänge und Achsenrichtung für folgende Hyperbeln!

a) $16(x + 1)^2 - 25(y + 2)^2 = 400$;

b) $4x^2 - 3y^2 + 8x - 12y - 4 = 0$;

c) $9x^2 - 4y^2 - 18x - 24y - 27 = 0$.

7.5.8: Wie lauten die Gleichungen für folgende Hyperbeln?

a) $M(2;\ -3)$, $a = 12$, $b = 10$, Hauptachse parallel zur x-Achse;

b) $M(-4; -2)$, $a = 4$, $e = 5$, Hauptachse parallel zur y-Achse.

7.5.9: Gegeben ist die Ellipse $4x^2 + 9y^2 = 144$. Wie lautet die Gleichung der gleichseitigen Hyperbel, die dieselben Brennpunkte wie die Ellipse hat? Wo schneiden sich die beiden Kurven?

7.5.10: Gegeben ist die Hyperbel $\frac{x^2}{9} - \frac{y^2}{16} = 1$.

a) Wie lautet die Gleichung der Parabel, deren Scheitel im Ursprung liegt und deren Halbparameter p gleich der Länge der Nebenachse der Hyperbel ist? Die Parabel soll nach rechts geöffnet sein.

b) Wo schneiden sich die beiden Kurven?

c) Wie lautet die Gleichung der Ellipse, die durch die Schnittpunkte der beiden Kurven geht, deren Mittelpunkt im Ursprung liegt und die dieselbe lineare Exzentrizität wie die Hyperbel hat?

7.6: Transformation der Kegelschnittgleichungen durch Parallelverschiebung)*

Bestimmen Sie Art und Lage folgender Kegelschnitte! Geben Sie dabei gegebenenfalls die Koordinaten des Scheitels bzw. Mittelpunktes, den Halbparameter sowie die Achsenlängen an!

7.6.1: $5x^2 - 7y^2 - 50x + 90 = 0$.

7.6.2: $y^2 + x - 6y - 3 = 0$.

7.6.3: $x^2 - 4x + 2y + 3 = 0$.

7.6.4: $4x^2 + 9y^2 - 12x - 24y - 119 = 0$.

7.6.5: $16x^2 + 25y^2 - 128x + 50y - 119 = 0$.

7.6.6: $x^2 - y^2 + 7x - 5y + 6 = 0$.

7.6.7: $2x^2 - 3y^2 + 4x + 12y + 2 = 0$.

7.6.8: $x^2 + 3x - 4y - 8 = 0$.

7.6.9: $6x^2 + y^2 - 9{,}6 \cdot \sqrt{5}x - 1{,}2 \cdot \sqrt{5}y + 30 = 0$.

7.6.10: $x^2 + y^2 + 2x + 2y - \frac{9}{2} = 0$.

8. Vektoralgebra (mit Anwendungen in der analytischen Geometrie)

8.1. Zielstellung

Im vorliegenden Abschnitt sollen die wichtigsten Begriffe der Vektoralgebra, wie Vektor, Ortsvektor, linienflüchtiger Vektor, Nullvektor, skalare und vektorielle Komponenten, Betrag, Summe, Differenz, skalares Produkt und vektorielles Produkt geübt und Fertigkeiten bei der Anwendung dieser Begriffe in der Geometrie erworben werden. Vektoren werden dabei durch Fettdruck ($\mathbf{a}, \mathbf{b}, \mathbf{c}, \ldots$) gegenüber skalaren Größen ($a, b, c, \ldots$) gekennzeichnet (s. [4], [7]).

8.2. Grundlegende Begriffe und Gesetze

8.2.1. Vektorbegriff und Darstellung von Vektoren

Ein Vektor $\mathbf{a}$ ist eine Größe, die durch eine Länge (Absolutbetrag) $\alpha = |\mathbf{a}|$, eine Richtung und einen Richtungssinn (Orientierung) gegeben ist. Als Bild eines Vektors kann man eine gerichtete und mit einem Richtungssinn versehene Strecke verwenden. Alle gleichlangen, gleichgerichteten und gleichorientierten Strecken stellen dann denselben Vektor dar (Bild 8.1).

Zwei Vektoren heißen kollinear, wenn sie gleich gerichtet sind (im Bild 8.1 sind $\mathbf{a}$, $\mathbf{b}$, $\mathbf{c}$ kollinear). Zwei Vektoren heißen parallel bzw. antiparallel, wenn sie gleich bzw. entgegengesetzt orientiert sind (im Bild 8.1 sind $\mathbf{a}$ und $\mathbf{b}$ parallel, $\mathbf{b}$ und $\mathbf{c}$ antiparallel).

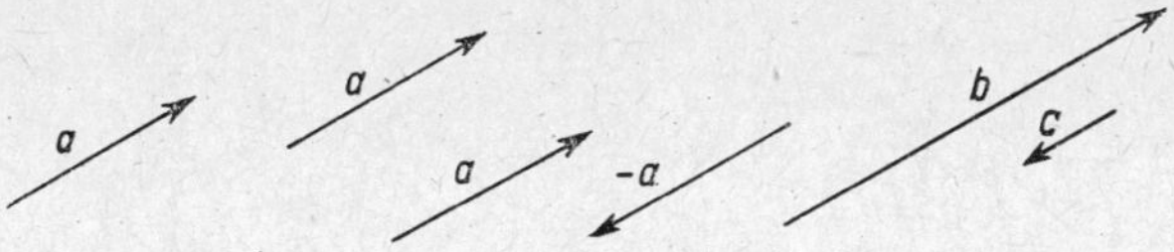

Bild 8.1

Die Einheitsvektoren $\dfrac{\mathbf{a}}{|\mathbf{a}|} = \mathbf{a}^0$ sind Vektoren der Länge 1; sind sie zur x_1-, x_2- bzw. x_3-Achse parallel, bezeichnen wir sie mit $\mathbf{e}_1$, $\mathbf{e}_2$, $\mathbf{e}_3$ (Bild 8.2).

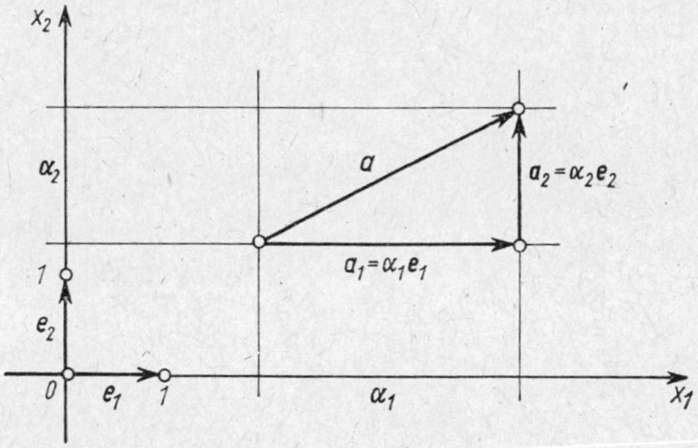

Bild 8.2

Die Projektionen eines Vektors **a** auf die Koordinatenachsen sind wiederum Vektoren. Sie werden vektorielle Komponenten des Vektors **a** genannt. Mit α_i bezeichnet man die vorzeichenbehaftete Länge der i-ten vektoriellen Komponente (positiv, falls Komponente mit entsprechender Achse gleichorientiert, negativ, falls entgegengesetzt orientiert) und nennt sie i-te skalare Komponente von **a**. Damit kann die i-te vektorielle Komponente $\mathbf{a}_i$ mit $\alpha_i \mathbf{e}_i$ bezeichnet werden. Ein Vektor **a** kann also in folgender Weise dargestellt werden:

Darstellung mit skalaren Komponenten:

$$\mathbf{a} = (\alpha_1, \alpha_2, \alpha_3); \tag{8.1}$$

Darstellung mit vektoriellen Komponenten:

$$\mathbf{a} = \mathbf{a}_1 + \mathbf{a}_2 + \mathbf{a}_3 = \alpha_1 \mathbf{e}_1 + \alpha_2 \mathbf{e}_2 + \alpha_3 \mathbf{e}_3. \tag{8.2}$$

Im Bild 8.2 sind diese Sachverhalte in der x_1,x_2-Ebene dargestellt worden.

Die Länge α des Vektors **a** ist

$$\alpha = |\mathbf{a}| = \sqrt{\alpha_1^2 + \alpha_2^2 + \alpha_3^2}. \tag{8.3}$$

Der Nullvektor

$$\mathbf{o} = (0, 0, 0) \tag{8.4}$$

ist ein Vektor der Länge 0.

Der zu **a** entgegengesetzte Vektor ist (Bild 8.1)

$$-\mathbf{a} = (-\alpha_1, -\alpha_2, -\alpha_3) = -\alpha_1 \mathbf{e}_1 - \alpha_2 \mathbf{e}_2 - \alpha_3 \mathbf{e}_3. \tag{8.5}$$

Ein Vektor heißt Ortsvektor, wenn er an einen festen Angriffspunkt gebunden ist. Ein Punkt im Koordinatensystem kann also durch einen an den Ursprung O gebundenen Ortsvektor

$$\mathbf{x} = (x_1, x_2, x_3) = x_1 \mathbf{e}_1 + x_2 \mathbf{e}_2 + x_3 \mathbf{e}_3 \tag{8.6}$$

dargestellt werden. Von einem linienflüchtigen Vektor spricht man, wenn er nur auf einer Geraden beliebig verschoben werden kann (z. B. Kraft).

Unter dem λ-fachen (λ reell) eines Vektors **a** versteht man einen Vektor **b**, der zu **a** parallel ($\lambda > 0$) oder antiparallel ($\lambda < 0$) ist und die Länge $|\mathbf{b}| = |\lambda|\,|\mathbf{a}|$ hat:

$$\mathbf{b} = \lambda \mathbf{a} = (\lambda\alpha_1, \lambda\alpha_2, \lambda\alpha_3) = \lambda\alpha_1 \mathbf{e}_1 + \lambda\alpha_2 \mathbf{e}_2 + \lambda\alpha_3 \mathbf{e}_3. \tag{8.7}$$

8.2.2. Summe und Differenz

Unter der Summe $\mathbf{a} + \mathbf{b}$ bzw. Differenz $\mathbf{a} - \mathbf{b}$ zweier Vektoren versteht man (Bild 8.3)

$$\mathbf{a} \pm \mathbf{b} = (\alpha_1 \pm \beta_1, \alpha_2 \pm \beta_2, \alpha_3 \pm \beta_3) = (\alpha_1 \pm \beta_1)\mathbf{e}_1 + (\alpha_2 \pm \beta_2)\mathbf{e}_2 + (\alpha_3 \pm \beta_3)\mathbf{e}_3 \tag{8.8}$$

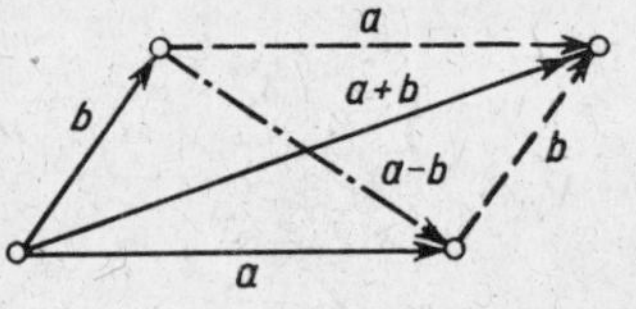

Bild 8.3

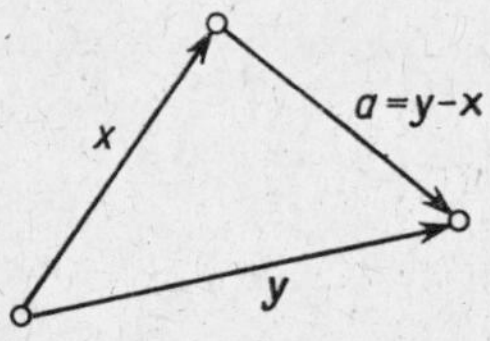

Bild 8.4

Es gilt $\mathbf{a} + \mathbf{b} = \mathbf{b} + \mathbf{a}, \quad (\mathbf{a} + \mathbf{b}) + \mathbf{c} = \mathbf{a} + (\mathbf{b} + \mathbf{c}), \quad \mathbf{a} + \mathbf{o} = \mathbf{a},$ (8.9)

$\lambda \mathbf{a} = \mathbf{a}\lambda, \quad \lambda \mathbf{a} + \mu \mathbf{a} = (\lambda + \mu)\,\mathbf{a}, \quad \lambda(\mathbf{a} + \mathbf{b}) = \lambda \mathbf{a} + \lambda \mathbf{b}.$

Einen Vektor **a**, der vom Endpunkt von **x** zum Endpunkt von **y** zeigt, erhält man nach (Bild 8.4)

$$\begin{aligned}\mathbf{a} = \mathbf{y} - \mathbf{x} &= (y_1 - x_1, y_2 - x_2, y_3 - x_3) \\ &= (y_1 - x_1)\,\mathbf{e}_1 + (y_2 - x_2)\,\mathbf{e}_2 + (y_3 - x_3)\,\mathbf{e}_3 .\end{aligned} \tag{8.10}$$

8.2.3. Skalares Produkt

Das skalare Produkt $\mathbf{a} \cdot \mathbf{b}$ (oder **ab**) zweier Vektoren **a** und **b** ist definiert als Produkt der Länge α von **a** mit der vorzeichenbehafteten Projektion β' von **b** auf **a** oder als Produkt der Länge β von **b** mit der vorzeichenbehafteten Projektion α' von **a** auf **b** bzw. als Produkt der Längen α und β von **a** und **b** und des Kosinus des von **a** und **b** eingeschlossenen Winkels φ (Bild 8.5)

$$\mathbf{a} \cdot \mathbf{b} = \alpha \cdot \beta' = \alpha \cdot \beta \cdot \cos \varphi \quad \text{bzw.} \quad \mathbf{a} \cdot \mathbf{b} = |\mathbf{a}|\,|\mathbf{b}| \cos (\mathbf{a}; \mathbf{b}). \tag{8.11}$$

Es gilt die Formel

$$\mathbf{a} \cdot \mathbf{b} = \alpha_1\beta_1 + \alpha_2\beta_2 + \alpha_3\beta_3 . \tag{8.12}$$

Es gelten weiterhin die Beziehungen

$$\begin{aligned}&\mathbf{a} \cdot \mathbf{b} = \mathbf{b} \cdot \mathbf{a}, \\ &\mathbf{a}(\mathbf{b} + \mathbf{c}) = \mathbf{ab} + \mathbf{ac}, \\ &\lambda(\mathbf{a} \cdot \mathbf{b}) = (\lambda\mathbf{a}) \cdot \mathbf{b} = \mathbf{a} \cdot (\lambda\mathbf{b}), \\ &\mathbf{aa} = |\mathbf{a}|^2 = \alpha^2, \\ &\mathbf{ab} = 0 \quad \text{für } \mathbf{a} \perp \mathbf{b}.\end{aligned} \tag{8.13}$$

Es ist im allgemeinen $(\mathbf{ab})\,\mathbf{c} \neq \mathbf{a}(\mathbf{bc})$.

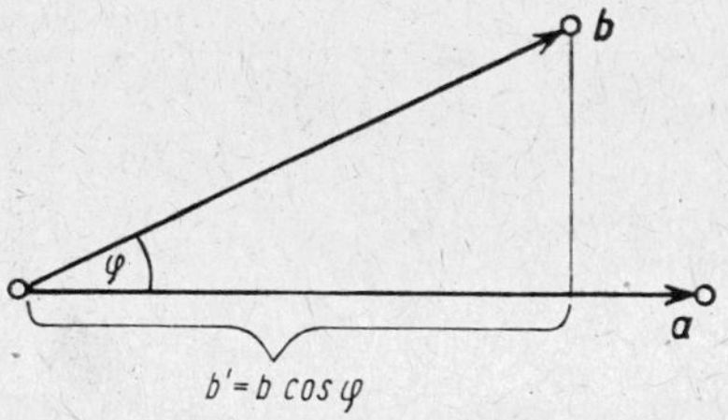

Bild 8.5

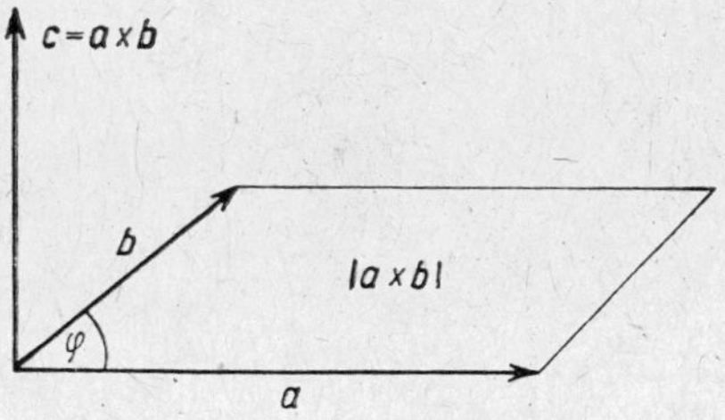

Bild 8.6

8.2.4. Vektorielles Produkt*)

Das vektorielle Produkt $\mathbf{a} \times \mathbf{b}$ zweier Vektoren **a** und **b** ist definiert als ein Vektor **c** mit folgenden Eigenschaften (Bild 8.6):

$$|\mathbf{c}| = \alpha \cdot \beta \cdot \sin \varphi \text{ (Betrag des vektoriellen Produkts)}, \ 0 \leqq \varphi \leqq \pi, \quad \text{bzw.} \quad |\mathbf{a} \times \mathbf{b}| = |\mathbf{a}|\,|\mathbf{b}| \sin (\mathbf{a}; \mathbf{b}) \tag{8.14}$$

(Inhalt des von **a** und **b** aufgespannten Parallelogramms);

$\mathbf{c} \perp \mathbf{a}$, $\mathbf{c} \perp \mathbf{b}$; **a, b, c** bilden in dieser Reihenfolge ein Rechtssystem (Richtung des vektoriellen Produkts). (8.15)

Es gilt dann folgende Formel

$$\begin{aligned}\mathbf{a} \times \mathbf{b} &= (\alpha_2\beta_3 - \alpha_3\beta_2, \alpha_3\beta_1 - \alpha_1\beta_3, \alpha_1\beta_2 - \alpha_2\beta_1) \\ &= (\alpha_2\beta_3 - \alpha_3\beta_2)\,\mathbf{e}_1 + (\alpha_3\beta_1 - \alpha_1\beta_3)\,\mathbf{e}_2 + (\alpha_1\beta_2 - \alpha_2\beta_1)\,\mathbf{e}_3 .\end{aligned} \tag{8.16}$$

Ferner gelten folgende Beziehungen

$$\begin{aligned} \mathbf{a} \times \mathbf{b} &= -(\mathbf{b} \times \mathbf{a}), \\ \mathbf{a} \times (\mathbf{b} + \mathbf{c}) &= \mathbf{a} \times \mathbf{b} + \mathbf{a} \times \mathbf{c}, \\ \lambda(\mathbf{a} \times \mathbf{b}) &= (\lambda\mathbf{a}) \times \mathbf{b} = \mathbf{a} \times (\lambda\mathbf{b}), \\ \mathbf{a} \times \mathbf{b} &= \mathbf{o} \quad \text{für } \mathbf{a}, \mathbf{b} \text{ kollinear}. \end{aligned} \tag{8.17}$$

Den Inhalt A des von **a** und **b** aufgespannten Dreiecks erhält man aus

$$A = \frac{|\mathbf{c}|}{2} = \frac{1}{2}|\mathbf{a} \times \mathbf{b}|. \tag{8.18}$$

8.2.5. Parameterform der Geradengleichung

Die Menge aller Punkte **x** einer Geraden g im Raum oder in der Ebene, die durch den Punkt $\mathbf{x}_0$ geht und zum Richtungsvektor **v** parallel läuft (Bild 8.7), ist gegeben durch

$$\begin{aligned} \mathbf{x} &= \mathbf{x}_0 + \lambda\mathbf{v} \\ &= (x_{01}, x_{02}, x_{03}) + \lambda(v_1, v_2, v_3) \\ &= (x_{01} + \lambda v_1)\,\mathbf{e}_1 + (x_{02} + \lambda v_2)\,\mathbf{e}_2 + (x_{03} + \lambda v_3)\,\mathbf{e}_3, \end{aligned} \tag{8.19}$$

$$\begin{aligned} x_1 &= x_{01} + \lambda v_1, \\ x_2 &= x_{02} + \lambda v_2, \\ x_3 &= x_{03} + \lambda v_3. \end{aligned} \tag{8.20}$$

Dabei kann der Parameter λ jeden beliebigen reellen Wert annehmen.

In der Ebene entfällt jeweils die dritte Koordinate x_3, x_{03}, v_3.

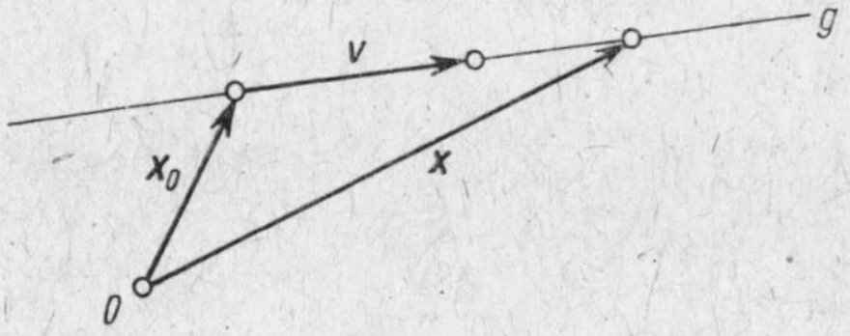

Bild 8.7

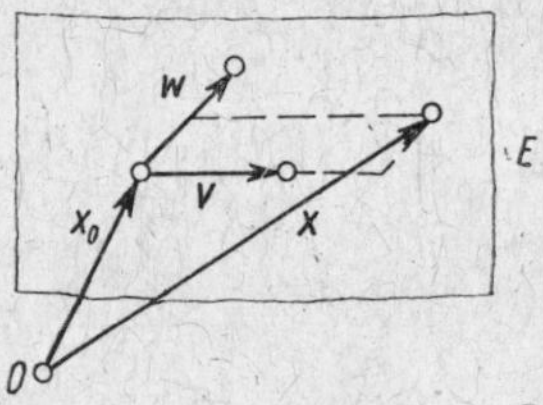

Bild 8.8

8.2.6. Parameterform der Ebenengleichung

Die Menge aller Punkte **x** einer Ebene E im Raum, die durch den Punkt $\mathbf{x}_0$ geht und durch die Vektoren **v** und **w** aufgespannt wird (Bild 8.8), ist gegeben durch

$$\begin{aligned} \mathbf{x} &= \mathbf{x}_0 + \lambda\mathbf{v} + \mu\mathbf{w} \\ &= (x_{01}, x_{02}, x_{03}) + \lambda(v_1, v_2, v_3) + \mu(w_1, w_2, w_3) \\ &= (x_{01} + \lambda v_1 + \mu w_1)\,\mathbf{e}_1 + (x_{02} + \lambda v_2 + \mu w_2)\,\mathbf{e}_2 + (x_{03} + \lambda v_3 + \mu w_3)\,\mathbf{e}_3 \end{aligned} \tag{8.21}$$

bzw.

$$\begin{aligned} x_1 &= x_{01} + \lambda v_1 + \mu w_1, \\ x_2 &= x_{02} + \lambda v_2 + \mu w_2, \\ x_3 &= x_{03} + \lambda v_3 + \mu w_3. \end{aligned} \tag{8.22}$$

Dabei können die Parameter λ und μ jeden beliebigen reellen Wert annehmen.

8.2.7. Skalarform der Geraden- und Ebenengleichung

Die Menge aller Punkte $\mathbf{x}$ einer Geraden g in der Ebene bzw. einer Ebene E im Raum, die durch den Punkt $\mathbf{x}_0$ geht und den Normalenvektor $\mathbf{n}$ hat (Bild 8.9), ist gegeben durch

$$\mathbf{n} \cdot (\mathbf{x} - \mathbf{x}_0) = 0 \quad (\mathbf{n} \perp (\mathbf{x} - \mathbf{x}_0)) \tag{8.23}$$

bzw.

$$\mathbf{n}\mathbf{x} = \mathbf{n}\mathbf{x}_0 = n \cdot p \tag{8.24}$$

(p ist der vorzeichenbehaftete Abstand der Geraden bzw. Ebene vom Koordinatenursprung).

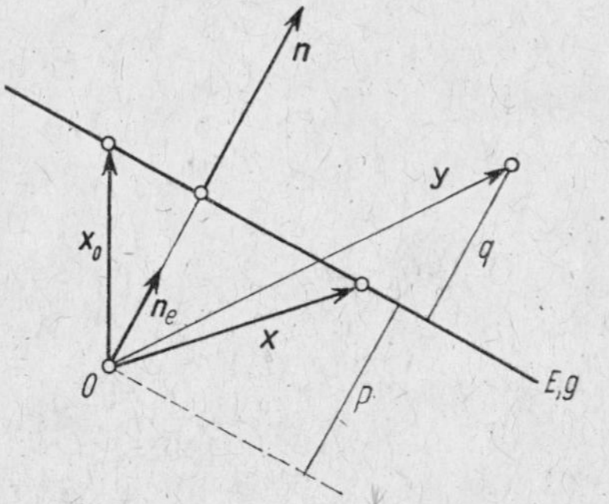

Bild 8.9

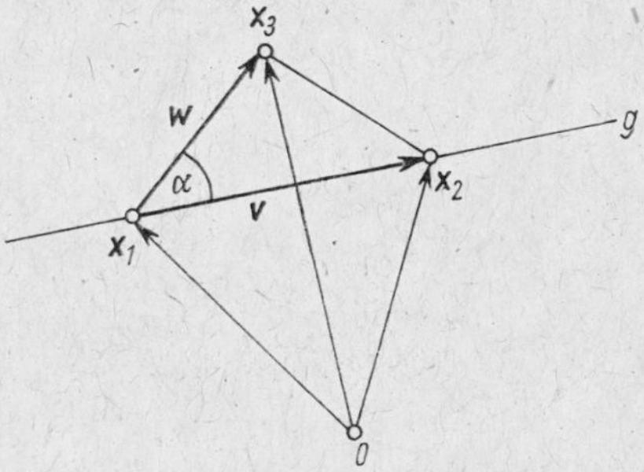

Bild 8.10

Nach Division durch den Absolutbetrag n des Normalenvektors $\mathbf{n}$ entsteht die Hessesche Normalform

$$\frac{\mathbf{n}}{n}\mathbf{x} - p = 0, \tag{8.25}$$

und für den vorzeichenbehafteten Abstand q eines Punktes $\mathbf{y}$ von der Geraden bzw. Ebene erhält man

$$q = \frac{\mathbf{n}}{n}\mathbf{y} - p. \tag{8.26}$$

Ausführlicher kann (8.24) auch in der Form

$$n_1 x_1 + n_2 x_2 + n_3 x_3 = r \tag{8.27}$$

geschrieben werden, wobei r eine beliebige reelle Zahl ist. (Bei der Geraden in der Ebene ist $n_3 = 0$ zu setzen.)

8.3. Lehrbeispiele

Beispiel 8.1: Gegeben ist ein Dreieck durch die Ortsvektoren der Eckpunkte P_1, P_2, P_3 (Bild 8.10)

$$\mathbf{x}_1 = (1, 1, 1),$$
$$\mathbf{x}_2 = (2, 1, 0),$$
$$\mathbf{x}_3 = (1, 2, 3).$$

Es sollen ermittelt werden:

a) die Länge der Seite $\overline{P_1P_2}$,
b) der Winkel α zwischen den Seiten $\overline{P_1P_2}$ und $\overline{P_1P_3}$,
c) der Dreiecksinhalt,
d) die Gleichung der Geraden g durch P_1 und P_2,
e) die Gleichung der Ebene E durch P_1, P_2 und P_3 in beiden Formen.

a) Wegen

$$\mathbf{v} = \mathbf{x}_2 - \mathbf{x}_1 = (1, 0, -1)$$

erhält man nach (8.3)

$$\overline{P_1P_2} = v = \sqrt{1^2 + 0^2 + 1^2} = \sqrt{2}.$$

b) Wegen

$$\mathbf{w} = \mathbf{x}_3 - \mathbf{x}_1 = (0, 1, 2)$$

erhält man nach (8.11) und (8.12) zunächst

$$\begin{aligned}\mathbf{v} \cdot \mathbf{w} &= 1 \cdot 0 + 0 \cdot 1 + (-1) \cdot 2 = -2 = v \cdot w \cdot \cos\alpha \\ &= \sqrt{2} \cdot \sqrt{5} \cdot \cos\alpha = \sqrt{10} \cdot \cos\alpha,\end{aligned}$$

also

$$\cos\alpha = \frac{-2}{\sqrt{10}} = -0{,}6325,$$

$$\alpha = 129°.$$

c) Nach (8.16) erhält man

$$\mathbf{v} \times \mathbf{w} = (1, -2, 1)$$

und nach (8.18) für den Dreiecksinhalt

$$A = \frac{1}{2}|\mathbf{v} \times \mathbf{w}| = \frac{1}{2}\sqrt{1^2 + 2^2 + 1^2} = \frac{1}{2}\sqrt{6}.$$

d) Die Gerade g geht durch P_1 und hat den in a) ermittelten Richtungsvektor $\mathbf{v}$. Ihre Gleichung lautet nach (8.19)

$$\begin{aligned} g: \mathbf{x} &= \mathbf{x}_1 + \lambda\mathbf{v} \\ &= (1, 1, 1) + \lambda(1, 0, -1)\end{aligned}$$

bzw. nach (8.20)

$$\begin{aligned} g:\ x_1 &= 1 + \lambda, \\ x_2 &= 1, \\ x_3 &= 1 - \lambda.\end{aligned}$$

e) Die Ebene E enthält den Punkt P_1 und die beiden in a) und b) ermittelten Richtungsvektoren $\mathbf{v}$ und $\mathbf{w}$. Ihre Gleichung in Parameterform lautet nach (8.21)

$$\begin{aligned} E: \mathbf{x} &= \mathbf{x}_1 + \lambda\mathbf{v} + \mu\mathbf{w} \\ &= (1, 1, 1) + \lambda(1, 0, -1) + \mu(0, 1, 2)\end{aligned}$$

bzw. nach (8.22)

$$\begin{aligned} E:\ x_1 &= 1 + \lambda, \\ x_2 &= 1 + \mu, \\ x_3 &= 1 - \lambda + 2\mu.\end{aligned}$$

Für die Skalarform nach (8.24) wählt man $\mathbf{x}_1$ als Punkt der Ebene, der an die Stelle von $\mathbf{x}_0$ tritt.

Als Normalenvektor $\mathbf{n}$, der senkrecht auf $\mathbf{v}$ und $\mathbf{w}$ zu stehen hat, kann der in c) ermittelte Vektor $\mathbf{v} \times \mathbf{w}$ verwendet werden.

$$(\mathbf{v} \times \mathbf{w})\,\mathbf{x} = (\mathbf{v} \times \mathbf{w})\,\mathbf{x}_1,$$
$$(1, -2, 1) \cdot (x_1, x_2, x_3) = (1, -2, 1) \cdot (1, 1, 1),$$
$$E\colon x_1 - 2x_2 + x_3 = 0.$$

Beispiel 8.2: Zur Ermittlung des Punktes S, in dem die Gerade

$$g\colon \mathbf{x} = (7, 0, 5) + \lambda(3, -1, 2)$$

die Ebene

$$E\colon x_1 + 2x_2 - x_3 = 4$$

durchstößt, setzt man die Koordinaten des Geradenpunktes

$$x_1 = 7 + 3\lambda, \qquad x_2 = -\lambda, \qquad x_3 = 5 + 2\lambda$$

in die Ebenengleichung ein

$$(7 + 3\lambda) + 2(-\lambda) - (5 + 2\lambda) = 4$$

und ermittelt daraus

$$-\lambda = 2,$$
$$\lambda = -2.$$

Daraus erhält man

$$\mathbf{s} = (x_1, x_2, x_3) = (7 - 6, 2, 5 - 4),$$
$$\mathbf{s} = (1, 2, 1).$$

Beispiel 8.3: Um den Schnittpunkt S der beiden Geraden

$$g_1\colon \mathbf{x} = (1, -2, 3) + \lambda(2, -1, 1),$$
$$g_2\colon \mathbf{x} = (-3, -2, 2) + \mu(0, 2, -1)$$

zu ermitteln, hat man die beiden Geradengleichungen gleichzusetzen:

$$x_1 = 1 + 2\lambda = -3,$$
$$x_2 = -2 - \lambda = -2 + 2\mu,$$
$$x_3 = 3 + \lambda = 2 - \mu.$$

Das sind drei Gleichungen für zwei Unbekannte λ und μ. Aus den ersten beiden Gleichungen erhält man

$$2\lambda = -4, \quad \lambda = -2,$$
$$-\lambda - 2\mu = 0, \quad 2\mu = -\lambda = 2, \quad \mu = 1.$$

Diese Werte erfüllen auch die dritte Gleichung. Daher ist

$$\mathbf{s} = (x_1, x_2, x_3) = (-3, 0, 1).$$

Die Geraden

$$g_1\colon \mathbf{x} = (1, -2, 3) + \lambda(2, -1, 1),$$
$$g_2\colon \mathbf{x} = (1, 1, 1) + \mu(0, 2, -1)$$

haben dagegen keinen Schnittpunkt. Es wären zu erfüllen

$$x_1 = 1 + 2\lambda = 1,$$
$$x_2 = -2 - \lambda = 1 + 2\mu,$$
$$x_3 = 3 + \lambda = 1 - \mu.$$

Aus den ersten beiden Gleichungen folgt

$$\lambda = 0, \quad \mu = -1{,}5.$$

Diese Werte erfüllen die dritte Gleichung nicht:

$$3 - 0 = 3 \neq 1 + 1{,}5.$$

8.4. Übungsaufgaben

8.1: Rechnen mit Vektoren

8.1.1: Die drei Vektoren **a**, **b**, **c** mit $|\mathbf{a}| = |\mathbf{b}| = |\mathbf{c}|$ haben als Summe den Nullvektor. Geben Sie für die drei Seitenhalbierenden des erhaltenen Dreiecks Vektorgleichungen an (Angriffspunkte in A, B bzw. C)!

8.1.2: Berechnen Sie

a) $\mathbf{x} = 2\mathbf{x}_1 + 3\mathbf{x}_2 - 4\mathbf{x}_3$, b) $\mathbf{x} = 5\mathbf{x}_1 - (\mathbf{x}_2 - 2\mathbf{x}_3)$

für $\mathbf{x}_1 = (2, -1, 3)$; $\mathbf{x}_2 = (1, 2, -1)$; $\mathbf{x}_3 = (-1, -2, -3)$.

8.1.3: Berechnen Sie den Vektor **e**, der zu

a) $\mathbf{x} = (12, -3, 2)$, b) $\mathbf{x} = (-2, -1, 2)$

parallel ist und die Länge 1 hat.

8.1.4: Gegeben sei der zu $\mathbf{b} \neq \mathbf{o}$ parallele Vektor **a**, so daß $\mathbf{a} = \lambda \cdot \mathbf{b}$ ist. Die Differenz der Vektoren **a** und **b** sei halb so groß wie ihre Summe.
Welche Beziehung besteht zwischen den Beträgen der beiden Vektoren **a** und **b**?

8.1.5: Gegeben seien die beiden Vektoren **e** und **f**, welche die Diagonalen eines Parallelogramms bilden.
Bestimmen Sie die Seitenvektoren des Parallelogramms!

8.1.6: Gegeben seien die Vektoren $\mathbf{a} = (13, 7, 5)$ sowie

$\mathbf{a}_1 = (3, 4, 1)$, $\mathbf{a}_2 = (0, 2, 1)$, $\mathbf{a}_3 = (1, 1, 1)$.

Stellen Sie **a** als Summe der drei Vektoren $\mathbf{x}_1$, $\mathbf{x}_2$, $\mathbf{x}_3$ dar, für die gilt $\mathbf{x}_1 \| \mathbf{a}_1$, $\mathbf{x}_2 \| \mathbf{a}_2$ und $\mathbf{x}_3 \| \mathbf{a}_3$!

8.1.7: Untersuchen Sie, ob die folgenden Vektoren linear abhängig (s. Band 13) oder unabhängig sind!

a) $\mathbf{a}_1 = (3, -2, 1)$, $\mathbf{a}_2 = (0, 1, -1)$, $\mathbf{a}_3 = (0, 0, 2)$;
b) $\mathbf{a}_1 = (3, -4, 5)$, $\mathbf{a}_2 = (-1, 2, -3)$, $\mathbf{a}_3 = (6, -7, 8)$.

8.2: Skalarprodukt

8.2.1: Wie groß ist das Skalarprodukt $\mathbf{a} \cdot \mathbf{b}$, wenn

a) $|\mathbf{a}| = 3$, $|\mathbf{b}| = 4$ und $\sphericalangle(\mathbf{a}, \mathbf{b}) = 60^\circ$;
b) $|\mathbf{a}| = 6$, $|\mathbf{b}| = 3$ und $\sphericalangle(\mathbf{a}, \mathbf{b}) = 30^\circ$ ist?

8.2.2: Das Skalarprodukt zweier Einheitsvektoren beträgt ± 1. Wie groß ist in beiden Fällen der Winkel φ, den sie miteinander bilden?

8.2.3: Wie groß ist das Skalarprodukt der beiden Vektoren **a** und **b**? Welchen Winkel schließen sie ein?

a) $\mathbf{a} = 5\mathbf{e}_1 - \mathbf{e}_2 + 4\mathbf{e}_3$, $\mathbf{b} = 4\mathbf{e}_1 + 2\mathbf{e}_2 + 3\mathbf{e}_3$; b) $\mathbf{a} = 5\mathbf{e}_1 + 5\mathbf{e}_2 - 10\mathbf{e}_3$, $\mathbf{b} = \mathbf{e}_1 + 3\mathbf{e}_2 + 2\mathbf{e}_3$.

8.2.4: Berechnen Sie für die gegebenen Vektoren

$\mathbf{a} = \mathbf{e}_1 + 3\mathbf{e}_2 - \mathbf{e}_3$, $\mathbf{b} = -\mathbf{e}_1 + \mathbf{e}_2 + 3\mathbf{e}_3$, $\mathbf{c} = 2\mathbf{e}_1 + 3\mathbf{e}_2 - 6\mathbf{e}_3$

a) $\mathbf{a} \cdot \mathbf{b}$; b) $\mathbf{a} \cdot \mathbf{c}$; c) $\mathbf{b} \cdot \mathbf{c}$;

d) $(\mathbf{a} + \mathbf{b}) \cdot \mathbf{c}$ und $\mathbf{a} \cdot \mathbf{c} + \mathbf{b} \cdot \mathbf{c}$;

e) $(\mathbf{a} \cdot \mathbf{b}) \cdot \mathbf{c}$ und $\mathbf{a} \cdot (\mathbf{b} \cdot \mathbf{c})$.

8.2.5: Gegeben seien die Vektoren

$\mathbf{a} = 3\mathbf{e}_1 + \mathbf{e}_2 + \mathbf{e}_3$, $\mathbf{b} = -4\mathbf{e}_2 + 4\mathbf{e}_3$, $\mathbf{c} = -\mathbf{e}_1 - 2\mathbf{e}_2 + 3\mathbf{e}_3$.

Für welchen Wert von λ steht $\mathbf{a} + \lambda \cdot \mathbf{b}$ senkrecht auf **c**?

8.2.6: Welchen Winkel bilden die beiden Vektoren

$\mathbf{a} = -3\mathbf{e}_2 + 4\mathbf{e}_3$ und $\mathbf{b} = \frac{4\sqrt{2}}{3}\mathbf{e}_1 + \frac{2}{3}\mathbf{e}_2 - 2\mathbf{e}_3$ miteinander?

8.2.7: Gegeben seien $\mathbf{a} = 2\mathbf{e}_1 + 3\mathbf{e}_2 + \mathbf{e}_3$ und $\mathbf{b} = -\mathbf{e}_1 - \mathbf{e}_2 - \mathbf{e}_3$. Ermitteln Sie alle Vektoren $\mathbf{x} = x_1\mathbf{e}_1 + x_2\mathbf{e}_2 + x_3\mathbf{e}_3$ mit dem Betrag $\sqrt{6}$, die sowohl auf **a** als auch auf **b** senkrecht stehen!

8.2.8: Welchen Winkel bildet der Vektor

$\mathbf{e} = \mathbf{e}_1 + \mathbf{e}_2 + \mathbf{e}_3$

mit den positiven Richtungen der Koordinatenachsen?

8.2.9: Welche Hubarbeit ist erforderlich, um einen 70 N schweren Körper auf einer um 30° zur Horizontalen geneigten schiefen Ebene von 2 m Länge reibungsfrei zu transportieren? (Berechnung mittels Skalarprodukt!)

8.3: Vektorprodukt)*

8.3.1: Gegeben seien

$\mathbf{a} = 3\mathbf{e}_1 - 5\mathbf{e}_2 + 6\mathbf{e}_3$, $\mathbf{b} = 2\mathbf{e}_1 + 4\mathbf{e}_2 + \mathbf{e}_3$.

Bilden Sie $\mathbf{a} \times \mathbf{b}$ und $\mathbf{b} \times \mathbf{a}$!

8.3.2: Bilden Sie die Vektorprodukte

a) $\mathbf{e}_1 \times \mathbf{e}_2$, b) $\mathbf{e}_2 \times \mathbf{e}_1$, c) $\mathbf{e}_1 \times \mathbf{e}_1$.

8.3.3: Gegeben seien die Vektoren

$\mathbf{a} = \mathbf{e}_1 - \mathbf{e}_2 - \mathbf{e}_3$, $\mathbf{b} = -5\mathbf{e}_1 - 3\mathbf{e}_2 + 6\mathbf{e}_3$, $\mathbf{c} = 3\mathbf{e}_1 + 2\mathbf{e}_2 - 2\mathbf{e}_3$.

Berechnen Sie

a) $\mathbf{a} \times \mathbf{b}$, b) $\mathbf{a} \times \mathbf{c}$, c) $\mathbf{b} \times \mathbf{c}$, d) $\mathbf{c} \times \mathbf{b}$,

e) $(\mathbf{a} + \mathbf{b}) \times \mathbf{c}$, f) $(\mathbf{a} \times \mathbf{b}) \times \mathbf{c}$!

8.3.4: Im Endpunkt eines 50 cm langen Hebels greift eine Kraft von 30 N an. Sie bildet mit dem Hebel einen Winkel von 60°.
Welches Drehmoment ruft sie hervor? (Berechnung mittels Vektorprodukt!)

8.4: Anwendung von Vektoren in der analytischen Geometrie

8.4.1: Berechnen Sie die Entfernung zweier Punkte P_1 und P_2, wenn diese gegeben sind durch

a) $P_1(0; 1)$, $P_2(3; 5)$; b) $P_1(0; 0; 0)$, $P_2(2; 3; 4)$;

c) $\mathbf{x}_1 = 11\mathbf{e}_1 - 17\mathbf{e}_2$, $\mathbf{x}_2 = 4\mathbf{e}_1 - 7\mathbf{e}_2$.

8.4.2: Berechnen Sie den Mittelpunkt der Strecke $\overline{P_1P_2}$, wenn P_1 und P_2 gegeben sind durch

a) $P_1\left(-\frac{1}{2}; -3\right)$, $P_2\left(\frac{3}{2}; 1\right)$, b) $P_1(-1; 7; 8)$, $P_2(13; 3; 1)$;

c) $\mathbf{x}_1 = -2\mathbf{e}_1 - \mathbf{e}_2 + 6\mathbf{e}_3$, $x_2 = 4\mathbf{e}_1 + 2\mathbf{e}_2 + \mathbf{e}_3$.

8.4.3: Teilen Sie die Strecke $\overline{P_1P_2}$ mit $P_1(-2; 1)$ und $P_2(5; 7)$ im Verhältnis 1 : 2 innen und außen!

8.4.4: Bestimmen Sie die Schwerpunkte folgender Dreiecke!

a) $P_1(7; 5)$, $P_2(-1; 3)$, $P_3(-1; -1)$;

b) $\mathbf{x}_1 = \mathbf{e}_1 - 3\mathbf{e}_2 - 2\mathbf{e}_3$, $\mathbf{x}_2 = \mathbf{e}_1 + 7\mathbf{e}_2 + 4\mathbf{e}_3$,
$\mathbf{x}_3 = \mathbf{e}_1 + 3\mathbf{e}_2 + 6\mathbf{e}_3$.

8.4.5: Stellen Sie die Gleichung der Geraden in Parameterform auf, die durch die Punkte $\mathbf{x}_1$ und $\mathbf{x}_2$ geht!

a) $\mathbf{x}_1 = (1, 2)$, $\mathbf{x}_2 = (2, 1)$;

b) $\mathbf{x}_1 = (1, -2, 3)$, $\mathbf{x}_2 = (0, 2, 1)$;

c) $\mathbf{x}_1 = 4\mathbf{e}_1 + 5\mathbf{e}_2 + 2\mathbf{e}_3$, $\mathbf{x}_2 = \mathbf{e}_1 - \mathbf{e}_2 + 3\mathbf{e}_3$.

8.4.6: Bestimmen Sie die Lage folgender Geradenpaare zueinander!

a) g_1: $\mathbf{x} = (4, -3) + \lambda(-2, -3)$,
g_2: $\mathbf{x} = (0, 2) + \mu(1, -4)$;

b) g_1: $P_1(0; 0)$, $P_2(2; 5)$,
g_2: $P_3(3; -2)$, $P_4(5; 3)$;

c) g_1: $\mathbf{x} = (-2, 1, 3) + \lambda(5, -1, 2)$,
g_2: $\mathbf{x} = (1, 3, -2) + \mu(12, -5, 11)$;

d) g_1: $P_1(3; -2; 1)$, $P_2(7; 8; -2)$,
g_2: $P_3(1; 0; 3)$, $P_4(0; 1; 1)$;

e) g_1: $P_1(1; -5; -1)$, $P_2(-1; -1; -1)$,
g_2: $P_3(0; -7; 2)$, $P_4(-2; -3; 1)$.

8.4.7: Stellen Sie die Gleichung der Ebene in Parameterform auf, die durch die von $\mathbf{x}_1$, $\mathbf{x}_2$, $\mathbf{x}_3$ bestimmten Punkte geht!

a) $\mathbf{x}_1 = (1, 4, -1)$, $\mathbf{x}_2 = (3, -1, -2)$, $\mathbf{x}_3 = (1, -1, -1)$;

b) $\mathbf{x}_1 = (2, 3, 1)$, $\mathbf{x}_2 = (-1, -4, 3)$, $\mathbf{x}_3 = (-5, -2, 1)$.

8.4.8: Wandeln Sie die gegebene Parameterform der Geradengleichung in die Skalarform um!

a) $\mathbf{x} = (2, -4) + \lambda(-3, 5)$; b) $\mathbf{x} = (1, -2) + \lambda(-1, -3)$.

8.4.9: Wandeln Sie die gegebene Parameterform der Ebenengleichung in die Skalarform um!

a) $\mathbf{x} = (3, \; 2, -1) + \lambda(-1, \; 2, \; 5) + \mu(2, -3, \; 1)$;

b) $\mathbf{x} = (1, -1, \; 1) + \lambda(\; 2, -1, -1) + \mu(1, -1, -1)$.

8.4.10: Wandeln Sie die gegebene Skalarform der Geradengleichung in die Parameterform um!

a) $4x_1 - 3x_2 = 12$; b) $2x_1 - 3x_2 = -8$.

8.4.11: Wandeln Sie die gegebene Skalarform der Ebenengleichung in die Parameterform um!

a) $x_1 + 3x_2 + 4x_3 = 12$; b) $x_1 - x_2 + x_3 = 3$.

8.4.12: Ermitteln Sie den Abstand folgender Ebenen vom Ursprung!

a) $2x_1 - 4x_2 + 4x_3 = 12$;

b) $\mathbf{n} = (1, -1, 2), \quad \mathbf{x}_0 = (2, 0, -1)$.

8.4.13: Wie groß ist der Abstand des Punktes P von der Ebene E?

a) $P(3, 6, 8), \quad E\colon 2x_1 + 3x_2 + x_3 = 4$;

b) $P(2, -3, -1), \quad E\colon \mathbf{x} = (1, 2, -1) + \lambda(2, -2, -1) + \mu(1, -1, -1)$.

8.4.14: Wie lautet die Gleichung der Ebene, die durch die Gerade g und den Ortsvektor $\mathbf{x}_1$ bestimmt ist?

a) $g\colon \mathbf{x} = (1, \; 1, 1) + \lambda(2, 1, 1), \quad \mathbf{x}_1 = (2, 1, 1)$;

b) $g\colon \mathbf{x} = (4, -2, 6) + \lambda(6, 7, 2), \quad \mathbf{x}_1 = (1, 0, 8)$.

8.4.15: Ermitteln Sie die Gleichung der Ebene, die durch den von $\mathbf{x}_0$ bestimmten Punkt geht und senkrecht auf der Geraden g steht!

a) $\mathbf{x}_0 \;\; = (2, 3, -2)$,
$\quad g\colon \mathbf{x} = (0, -1, 1) + \lambda(2, 3, -1)$;

b) $\mathbf{x}_0 \;\; = (1, -1, 4)$,
$\quad g\colon \mathbf{x} = (2, 1, -3) + \lambda(1, -1, 2)$.

8.4.16: Bestimmen Sie die Koordinaten des Schnittpunktes S der Geraden g mit der Ebene E, falls sich beide schneiden!

a) $E\colon \; x_1 - x_2 - x_3 = 5$,
$\quad g\colon \; \mathbf{x} = (-1, -1, 1) + \lambda(1, 2, 3)$;

b) $E\colon \; x_1 + 2x_2 + x_3 = 4$,
$\quad g\colon \; \mathbf{x} = (1, 0, 1) + \lambda(1, -1, 1)$;

c) $E\colon \; x_1 + 2x_2 + x_3 = 2$,
$\quad g\colon \; \mathbf{x} = (1, 0, 1) + \lambda(1, -1, 1)$.

9. Funktionen

9.1. Zielstellung

Der vorliegende Abschnitt dient dem Erwerb von Fertigkeiten beim Umgang mit den elementaren Funktionen und den daraus zusammengesetzten analytischen Ausdrücken. Besonderer Wert wird dabei auf die geometrische Darstellung des Funktionsverlaufs gelegt und in diesem Zusammenhang auf Begriffe wie Monotonie, Symmetrie, Antisymmetrie, Definitionsbereich, Wertebereich, mittelbare Funktion und Umkehrfunktion (s. [1], [2], [5] und [6]).

Für die Angabe von Intervallen werden folgende Bezeichnungen verwendet:

$$\begin{array}{llll} (a,b): & a < x < b, & [a,b): & a \leqq x < b, \\ [a,b]: & a \leqq x \leqq b, & (a,b]: & a < x \leqq b, \\ (-\infty,b): & x < b, & (-\infty,b]: & x \leqq b, \\ (a,\infty): & x > a, & [a,\infty): & x \geqq a, \\ (-\infty,\infty): & x \text{ beliebig.} & & \end{array} \tag{9.1}$$

9.2. Grundlegende Begriffe und Gesetze

9.2.1. Der Funktionsbegriff

Wird jedem reellen Wert x aus einer Menge D_f (*Definitionsbereich*) durch eine Vorschrift f eindeutig ein reeller Wert y aus einer Menge W_f (*Wertebereich*) zugeordnet,

$$y = f(x), \quad x \in D_f, \tag{9.2}$$

so spricht man von einer (eindeutigen reellwertigen) *Funktion einer* (reellen) *Veränderlichen.*

Wird in einem rechtwinkligen Koordinatensystem $y = f(x)$ grafisch dargestellt, so entsteht das *Bild* der Funktion. Eine Funktion $y = f(x)$ heißt im Intervall I *monoton wachsend* (*fallend*), wenn für alle Wertepaare x_1, x_2 aus I mit $x_1 < x_2$ gilt

$$f(x_1) \leqq f(x_2), \quad (f(x_1) \geqq f(x_2)). \tag{9.3}$$

Entfallen die Gleichheitszeichen, so spricht man von *strenger Monotonie.*

Im Bild 9.1 ist $y = f(x)$ für $x \leqq 0$ streng fallend und für $x \geqq 0$ streng steigend.

Eine Funktion $y = f(x)$ heißt *gerade* oder *symmetrisch* (*ungerade* oder *antisymmetrisch*), wenn gilt

$$f(-x) = f(x), \quad (f(-x) = -f(x)). \tag{9.4}$$

Im Bild 9.1 ist $y = f(x)$ gerade und $y = g(x)$ ungerade.

Existiert bei einer Funktion $y = f(x)$ mit dem Definitionsbereich D_f und dem Wertebereich W_f zu jedem y aus W_f genau ein Wert x, der die Gleichung $y = f(x)$ erfüllt, so ist dadurch x als eindeutige Funktion von y erklärt (Umkehrfunktion):

$$x = f^{-1}(y), \quad y \in W_f = D_{f^{-1}}. \tag{9.5}$$

Im allgemeinen vertauscht man dann noch x mit y und nennt $y = f^{-1}(x)$ Umkehrfunktion von $y = f(x)$. Es soll hier ausdrücklich darauf aufmerksam gemacht werden, daß im allgemeinen gilt

$$f^{-1}(x) \neq \frac{1}{f(x)}, \quad x \in D_{f^{-1}}.$$

Umkehrfunktionen existieren immer zu streng monotonen Funktionen. Die Bilder von $y = f(x)$ und $y = f^{-1}(x)$ liegen symmetrisch zur Geraden $y = x$ (Bild 9.2).

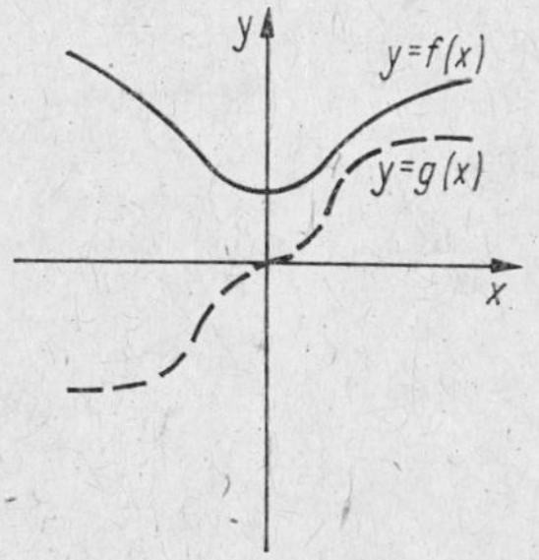

Bild 9.1

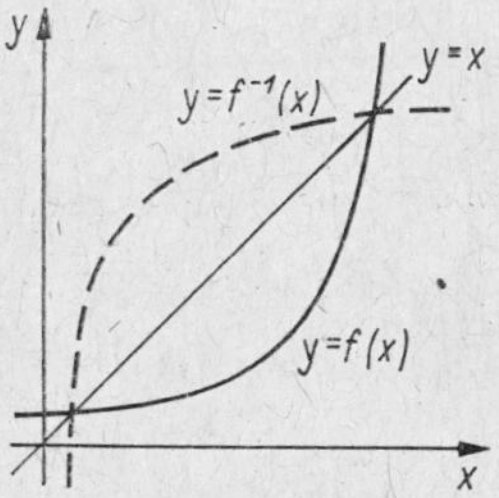

Bild 9.2

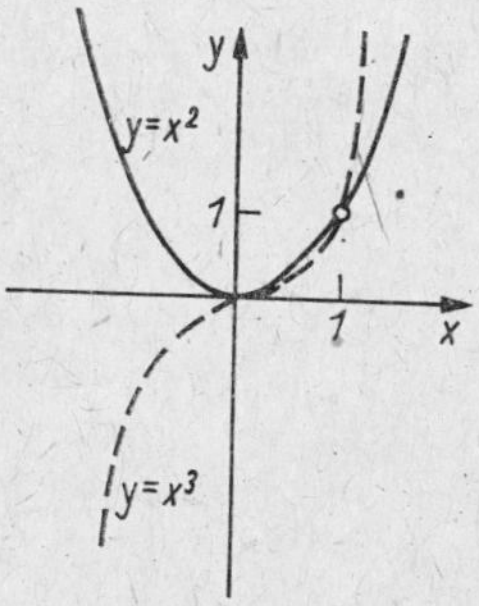

Bild 9.3

Hat $z = g(x)$ den Definitionsbereich D_f und den Wertebereich W_f und ist $y = f(z)$ für z aus W_f definiert, so ist durch

$$y = f(z) = f(g(x)), \quad x \in D_f$$

auf D_f eine mittelbare Funktion von x erklärt.

9.2.2. Die elementaren Funktionen

Im folgenden wird eine Reihe von elementaren Funktionen mit ihren geometrischen Bildern angegeben.

Im Bild 9.3 ist die Funktion

$$y = x^n, \quad x \in (-\infty, \infty), \tag{9.6}$$

für $n = 2$ und $n = 3$ dargestellt. Sie ist für alle x definiert und ist für $n = 2, 4, 6, \ldots$ gerade und für $n = 3, 5, 7, \ldots$ ungerade.

Die Funktion (Bild 9.4)

$$y = \sqrt[n]{x}, \quad x \in [0, \infty), \tag{9.7}$$

ist die Umkehrung von (9.6) für $x \geqq 0$. Ihr Definitionsbereich ist $D_f = [0, \infty)$.

Die Exponentialfunktion (Bild 9.5)

$$y = a^x = e^{x \ln a}, \quad a > 0, \quad a \neq 1, \quad x \in (-\infty, \infty), \tag{9.8}$$

ist für alle x definiert und monoton.

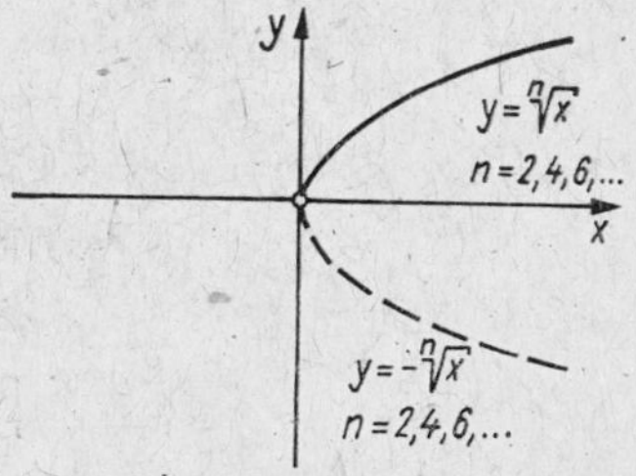

Bild 9.4a

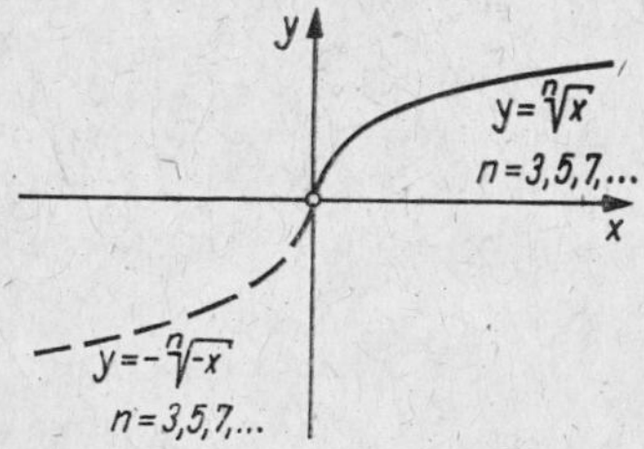

Bild 9.4b

Die Logarithmusfunktion (Bild 9.6)

$$y = \log_a x, \quad a > 0, \quad a \neq 1, \quad x \in (0, \infty), \tag{9.9}$$

ist die Umkehrung von (9.8) und für $x > 0$ definiert.

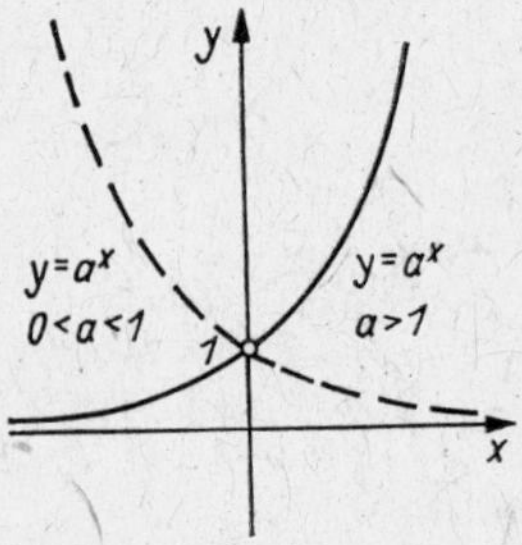

Bild 9.5

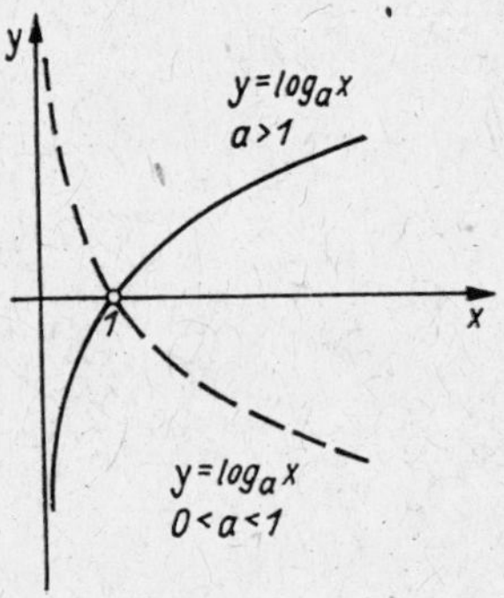

Bild 9.6

Die trigonometrischen Funktionen sind im Abschnitt 6 behandelt worden (Bild 6.3 und 6.4).

Unter den zyklometrischen Funktionen (Bild 9.7 und 9.8)*)

$$\begin{aligned} y &= \arcsin x, \quad x \in [-1, 1], & y &= \arccos x, \quad x \in [-1, 1], \\ y &= \arctan x, \quad x \in (-\infty, \infty), & y &= \operatorname{arccot} x, \quad x \in (-\infty, \infty), \end{aligned} \tag{9.10}$$

versteht man die Umkehrung der monotonen Zweige der trigonometrischen Funktionen über den Intervallen $\left(-\frac{\pi}{2}, \frac{\pi}{2}\right)$ für $\sin x$ und $\tan x$ und $(0, \pi)$ für $\cos x$ und $\cot x$.

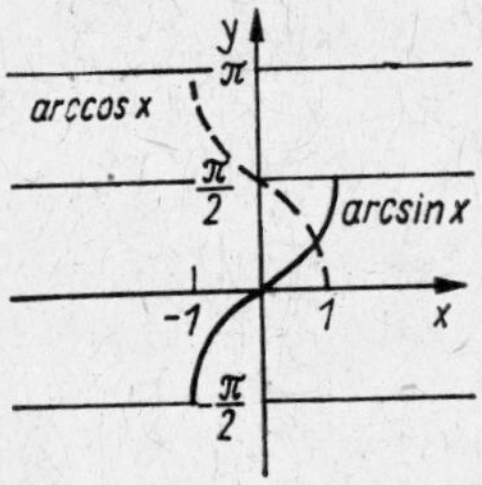

Bild 9.7

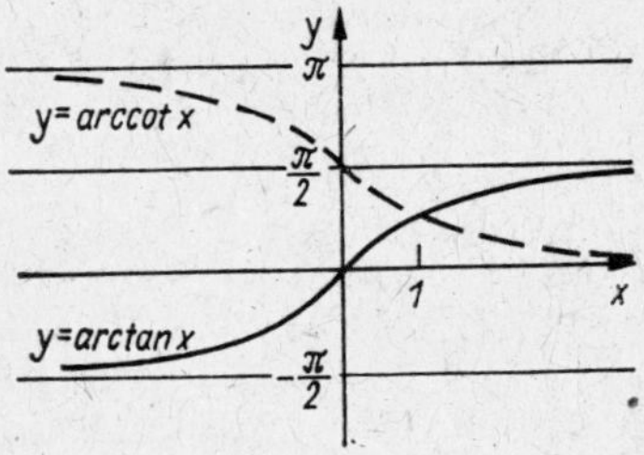

Bild 9.8

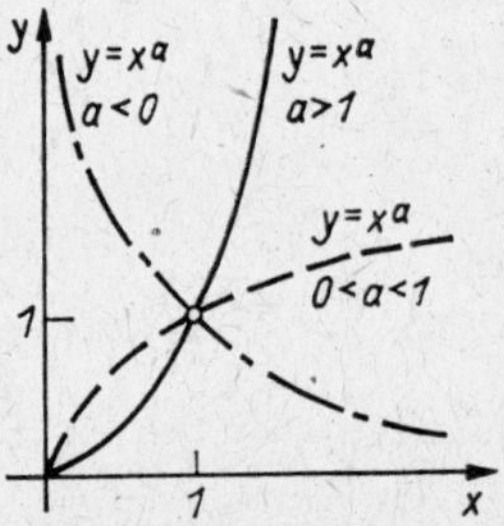

Bild 9.9

Die Potenzfunktion (Bild 9.9)

$$y = x^a = e^{a \ln x}, \quad a \neq 0, \quad a \neq 1, \quad x \in (0, \infty), \tag{9.11}$$

ist für $x > 0$ definiert.

Definitionsbereich und Wertebereich der o. g. elementaren Funktionen sind in Tabelle 9.1 zusammengestellt.

Tabelle 9.1

$f(x)$	D_f	W_f
$x^n, \quad n = 2, 4, 6 \ldots$	$(-\infty, \infty)$	$[0, \infty)$
$x^n, \quad n = 1, 3, 5 \ldots$	$(-\infty, \infty)$	$(-\infty, \infty)$
$\sqrt[n]{x}, \quad n = 1, 2, 3 \ldots$	$[0, \infty)$	$[0, \infty)$
$a^x, \quad a > 0, \quad a \neq 1$	$(-\infty, \infty)$	$(0, \infty)$
$\log_a x, \quad a > 0, \quad a \neq 1$	$(0, \infty)$	$(-\infty, \infty)$
$\sin x, \quad \cos x$	$(-\infty, \infty)$	$[-1, 1]$
$\tan x$	$x \neq (2k+1)\frac{\pi}{2}$, k ganz	$(-\infty, \infty)$
$\cot x$	$x \neq k\pi$, k ganz	$(-\infty, \infty)$
$\arcsin x$	$[-1, 1]$	$\left[-\frac{\pi}{2}, \frac{\pi}{2}\right]$
$\arccos x$	$[-1, 1]$	$[0, \pi]$
$\arctan x$	$(-\infty, \infty)$	$\left(-\frac{\pi}{2}, \frac{\pi}{2}\right)$
$\operatorname{arccot} x$	$(-\infty, \infty)$	$(0, \pi)$
$x^a, \quad a > 0, \quad a \neq 1$	$[0, \infty)$	$[0, \infty)$
$x^a, \quad a < 0$	$(0, \infty)$	$(0, \infty)$

9.2.3. Analytische Ausdrücke*)

Wenn $f(x)$ aus den elementaren Funktionen mit Hilfe der elementaren Rechenoperationen Addition, Subtraktion, Multiplikation und Division unmittelbar, z. B. durch $\sin x + \cos x$, $x^3 e^x$, oder mittelbar, z. B. durch $\sin(\cos x)$, $e^{\tan x} + \sin x^2$ gebildet wird, so spricht man von einem analytischen Ausdruck. Unter dem Definitionsbereich von $f(x)$ soll die Menge aller x verstanden werden, für die dieser Ausdruck eine sinnvolle Vorschrift darstellt.

9.3. Lehrbeispiele

Beispiel 9.1: Der analytische Ausdruck $\arcsin\sqrt{x+1}$ ist sinnvoll für $-1 \leqq \sqrt{x+1} \leqq 1$ und $x + 1 \geqq 0$, also für $-1 \leqq x \leqq 0$. In diesem Bereich wächst die Funktion $y = \arcsin\sqrt{x+1}$ monoton von 0 auf $\frac{\pi}{2}$ und ist daher eindeutig umkehrbar (Bild 9.10). Es ist also $D_f = [-1, 0]$, $W_f = \left[0, \frac{\pi}{2}\right]$.

Um die Umkehrfunktion zu erhalten, löst man nach x auf

$$\sqrt{x+1} = \sin y,$$
$$x = \sin^2 y - 1,$$

also ist

$$y = \sin^2 x - 1, \quad D_{f^{-1}} = \left[0, \frac{\pi}{2}\right], \quad W_{f^{-1}} = [-1, 0]$$

die Umkehrfunktion von $y = \arcsin\sqrt{x+1}$.

Beispiel 9.2: Die Funktion $y = \dfrac{(x+1)^2}{x-1}$, $x \neq 1$, ist in Bild 9.11 dargestellt. Ihr Wertebereich ist $W_f = \{(-\infty, 0], [8, \infty)\}$.

Diese Funktion ist nicht eindeutig umkehrbar. Umkehrbar ist aber jeder der monotonen Teile I bis IV mit den Definitionsbereichen $D_\text{I} = (-\infty, -1]$, $D_\text{II} = [-1, 1)$, $D_\text{III} = (1, 3]$, $D_\text{IV} = [3, \infty)$ und den Wertebereichen

$$W_\text{I} = W_\text{II} = (-\infty, 0], \quad W_\text{III} = W_\text{IV} = [8, \infty).$$

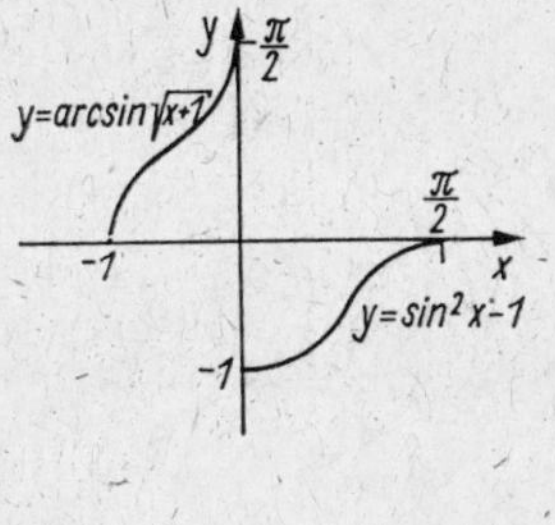

Bild 9.10

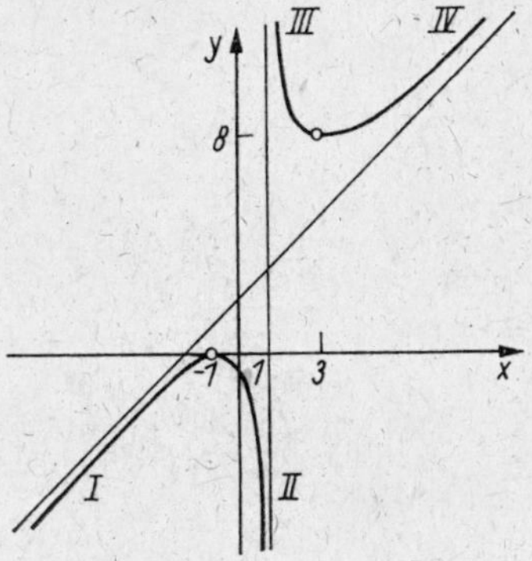

Bild 9.11

Die Auflösung nach x ergibt

$$x = \frac{y-2}{2} \pm \frac{1}{2}\sqrt{y(y-8)}.$$

Die Umkehrfunktionen sind dann

$$y = \frac{x-2}{2} + \frac{1}{2}\sqrt{x(x-8)} \quad \text{für } D_\text{II} \text{ und } D_\text{IV},$$

$$y = \frac{x-2}{2} - \frac{1}{2}\sqrt{x(x-8)} \quad \text{für } D_\text{I} \text{ und } D_\text{III}.$$

Die geometrischen Bilder können durch Spiegelung an $y = x$ erhalten werden.

9.4. Übungsaufgaben

9.1: *Bestimmen Sie für folgende Zuordnungsvorschriften den größtmöglichen Definitionsbereich D_f! Geben Sie den Wertebereich W_f an!*

9.1.1: a) $y = \ln x^2$; b) $y = \ln x^3$; c) $y = 3 \ln x$.

9.1.2: a) $y = \sqrt{1 - x^2}$; b) $y = \sqrt[3]{x - 2}$; c) $y = \dfrac{1}{\sqrt{x^2 - 1}}$.

9.1.3: a) $y = 1 + e^{-x}$; b) $y = \sqrt{1 - e^{2x}}$; c) $y = \dfrac{1}{1 - e^{\frac{1}{1-x}}}$;

d) $y = x e^{\sqrt{x}}$; e) $y = \dfrac{1}{1 - e^{\sqrt{x}}}$.

9.1.4: a) $y = \ln \sin x$; b) $y = \dfrac{1}{1 - \lg x}$; c) $y = \ln (x - 1)$.

9.2: *Bilden Sie von folgenden Funktionen die Umkehrfunktionen und zeichnen Sie deren Bilder!*

9.2.1: $6y + 18x - 12 = 0, \quad x \in (-\infty, \infty)$.

9.2.2: $y = \dfrac{x + 1}{x - 1}$, $x \in \{(-\infty, 1), (1, \infty)\}$.

9.2.3: $y = x^3, \quad x \in (-\infty, \infty)$.

9.2.4: $y = 1 + \ln x, \quad x \in (0, \infty)$

9.3: *Bilden Sie* $x = f^{-1}(y)$ (s. [8])!

9.3.1: $y = \dfrac{x + a}{x - a}$.

9.3.2: $y = \dfrac{1 + \sqrt{x}}{1 - \sqrt{x}}$.

9.3.3: $y = \dfrac{\sqrt{a} - \sqrt{x}}{\sqrt{a} + \sqrt{x}}$.

9.3.4: $y = \dfrac{1 + \sqrt{1 + x}}{1 - \sqrt{1 + x}}$.

9.4: *Wie sind die Bilder folgender Funktionen auf möglichst zweckmäßige Weise zu zeichnen?*

9.4.1: $y = x + \sin x, \quad x \geqq 0$.

9.4.2: $y = x + \dfrac{1}{x}, \quad x \neq 0$.

9.4.3: $y = \dfrac{1}{2} e^x - \cos x, \quad x \in (-\infty, \infty)$.

9.4.4: $y = 3 \sin\left(2x - \dfrac{\pi}{2}\right)$, $x \in (-\infty, \infty)$.

9.4.5: $y = 2x - 1, \quad x \in (-\infty, \infty)$.

9.4.6: $y = 4x^2, \quad x \in (-\infty, \infty)$.

9.4.7: $y_1 = \sqrt{25 - (x - 3)^2}, x \in [-2, 8]$; $y_2 = -\sqrt{25 - (x - 3)^2}, x \in [-2, 8]$.

9.4.8: $y = 2^{x-3}, \quad x \in (-\infty, \infty)$ (s. [9]!).

9.5: *Zeichnen Sie die Bilder nachstehender Funktionen und geben Sie die Funktionen ohne Verwendung des Betragszeichens an!*

9.5.1: $y = |x|$, $x \in (-\infty, \infty)$.

9.5.2: $y = |x| + 1$, $x \in (-\infty, \infty)$.

9.5.3: $y = |\sin x|$, $x \in [-\pi, \pi]$.

9.6: *Untersuchen Sie folgende Funktionen auf Symmetrieeigenschaften! Skizzieren Sie den Kurvenverlauf!*

9.6.1: $y = \sin x$, $x \in [-\pi, \pi]$.

9.6.2: $y = \cos x$, $x \in [-\pi, \pi]$.

9.6.3: $y = \frac{1}{x^2 + 1}$, $x \in (-\infty, \infty)$.

9.6.4: $y = \ln x^2$, $x \neq 0$.

9.6.5: $y = x - 5$, $x \in (-\infty, \infty)$.

9.6.6: $y = x^3$, $x \in (-\infty, \infty)$.

9.6.7: $y = \frac{1}{x - 1}$, $x \neq 1$.

9.6.8: $y = \ln (x - 1)$, $x \in (1, \infty)$.

9.6.9: $y = e^{-x^2}$, $x \in (-\infty, \infty)$.

10. Ungleichungen und absolute Beträge

10.1. Zielstellung

Der vorliegende Abschnitt dient dem Erwerb von Fertigkeiten beim Umgang mit absoluten Beträgen sowie der Lösung von Ungleichungen mit einer und mit zwei Unbekannten (s. [6]). Wir gehen dabei davon aus, daß der Begriff des absoluten Betrages sowie die Bedeutung der Zeichen $>$, $\geqq$, $<$, $\leqq$ bekannt sind.

10.2. Grundlegende Begriffe und Gesetze

10.2.1. Absolute Beträge

Bekanntlich kann man den absoluten Betrag $|a|$ einer reellen Zahl a formal in folgender Weise definieren:

$$|a| = \begin{cases} a & \text{für} \quad a \geqq 0, \\ -a & \text{für} \quad a < 0. \end{cases} \tag{10.1}$$

Will man also in einem Ausdruck die Betragszeichen beseitigen, so hat man zwei Fälle zu unterscheiden: $a \geqq 0$ und $a < 0$.

10.2.2. Ungleichungen

Bei der Behandlung von Ungleichungen gehen wir von folgenden bekannten Grundgesetzen aus: Sind a, b, c beliebige reelle Zahlen, dann folgen aus

$$a < b \quad \text{bzw.} \quad a \leqq b \tag{10.2}$$

die Ungleichungen

$$a + c < b + c \quad \text{bzw.} \quad a + c \leqq b + c, \tag{10.3}$$

$$a - c < b - c \quad \text{bzw.} \quad a - c \leqq b - c, \tag{10.4}$$

$$a \cdot c < b \cdot c \quad \text{bzw.} \quad a \cdot c \leqq b \cdot c \quad \text{für} \quad c > 0, \tag{10.5}$$

$$a \cdot c > b \cdot c \quad \text{bzw.} \quad a \cdot c \geqq b \cdot c \quad \text{für} \quad c < 0. \tag{10.6}$$

Das heißt, man kann Ungleichungen behandeln wie Gleichungen, nur kehrt sich bei Multiplikation mit einer negativen Zahl und bei Vertauschung der Seiten das Ungleichheitszeichen um.

10.3. Lehrbeispiele

Beispiel 10.1: Will man die Funktion

$$y = |x + 1| + |3 - 2x| - 4 \tag{10.7}$$

ohne Beträge schreiben, so hat man entsprechend (10.1) zu beachten

$$|x + 1| = \begin{cases} x + 1 & \text{für} \quad x + 1 \geqq 0 \quad \text{bzw.} \quad x \geqq -1, \\ -x - 1 & \text{für} \quad x + 1 < 0 \quad \text{bzw.} \quad x < -1. \end{cases} \tag{10.8}$$

$$|3 - 2x| = \begin{cases} 3 - 2x & \text{für} \quad 3 - 2x \geqq 0 \quad \text{bzw.} \quad x \leqq \frac{3}{2}, \\ 2x - 3 & \text{für} \quad 3 - 2x < 0 \quad \text{bzw.} \quad x > \frac{3}{2}. \end{cases} \tag{10.9}$$

Daher gilt für $x < -1$

$$y = -x - 1 + 3 - 2x - 4 = -3x - 2,$$

für $-1 \leqq x \leqq \frac{3}{2}$

$$y = +x + 1 + 3 - 2x - 4 = -x$$

und für $x > \frac{3}{2}$

$$y = +x + 1 + 2x - 3 - 4 = 3x - 6.$$

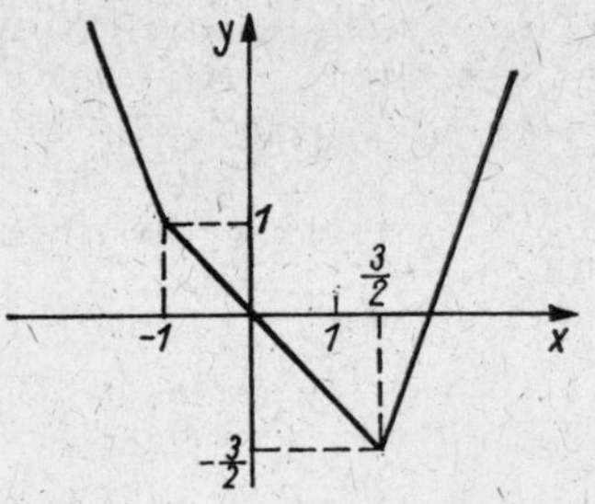

Bild 10.1

Also (Bild 10.1)

$$y = \begin{cases} -3x - 2 & \text{für} \quad x < -1, \\ -x & \text{für} \quad -1 \leqq x \leqq \frac{3}{2}, \\ 3x - 6 & \text{für} \quad x > \frac{3}{2}. \end{cases} \tag{10.10}$$

Beispiel 10.2: Zur Ermittlung aller Werte x, die die Ungleichung

$$\frac{2x + 1}{x - 3} < 1, \quad x \neq 3, \tag{10.11}$$

erfüllen [Lösen der Ungleichung (10.11)], ist diese mit $x - 3$ zu multiplizieren. Dazu sind nach 10.2.2. zwei Fälle zu unterscheiden:

1. Fall: $x - 3 > 0$ bzw. $x > 3$,
2. Fall: $x - 3 < 0$ bzw. $x < 3$.

Daher ist (10.11) identisch mit

$$2x + 1 < x - 3 \quad \text{für } x > 3,$$
$$2x + 1 > x - 3 \quad \text{für } x < 3.$$

Daher lauten die Teillösungen

$$x < -4 \quad \text{für } x > 3 \quad \text{und} \quad x > -4 \quad \text{für } x < 3.$$

Im 1. Fall ($x > 3$) gibt es also keine Lösung ($x < -4$) und im 2. Fall sind alle x mit $-4 < x < 3$ Lösungen. Daher lautet die Lösung der Ungleichung (10.11)

$$x \in (-4, 3). \tag{10.12}$$

Beispiel 10.3: Zur Lösung der Ungleichung

$$\frac{|2x + 1|}{x - 3} \leqq 1 \tag{10.13}$$

erhält man ähnlich wie im Beispiel 10.2 zunächst

1. Fall: $|2x + 1| \leqq x - 3$ für $x > 3$,
2. Fall: $|2x + 1| \geqq x - 3$ für $x < 3$.

Um die Beträge zu beseitigen, sind zwei weitere Fälle zu unterscheiden:

Fall a): $2x + 1 \geqq 0$ bzw. $x \geqq -\frac{1}{2}$,

Fall b): $2x + 1 < 0$ bzw. $x < -\frac{1}{2}$.

Damit erhält man

1. Fall a): $2x + 1 \leqq x - 3$ für $x > 3$ und $x \geqq -\frac{1}{2}$,

also $x < -4$ für $x > 3$ (keine Lösung).

1. Fall b): $-2x - 1 \leqq x - 3$ für $x > 3$ und $x < -\frac{1}{2}$;

auch hier gibt es keine Lösung, weil der betrachtete Bereich $x > 3$, $x < -\frac{1}{2}$ leer ist.

2. Fall a): $2x + 1 \geqq x - 3$ für $x < 3$ und $x \geqq -\frac{1}{2}$,

also $x \geqq -4$ für $-\frac{1}{2} \leqq x < 3$.

Da alle Werte x des zulässigen Bereiches $-\frac{1}{2} \leqq x < 3$ die Ungleichung $x \geqq -4$ erfüllen, ist $-\frac{1}{2} \leqq x < 3$ Lösung von (10.13).

2. Fall b): $-2x - 1 \geqq x - 3$ für $x < 3$ und $x < -\frac{1}{2}$,

also $x \leqq \frac{2}{3}$ für $x < -\frac{1}{2}$.

Da alle Werte x des zulässigen Bereiches $x < -\frac{1}{2}$ die Ungleichung $x \leqq \frac{2}{3}$ erfüllen, ist $x \leqq -\frac{1}{2}$ Lösung von (10.13).

Wegen 2. Fall a) und 2. Fall b) lautet die Lösung von (10.13)

$$x \in (-\infty, 3). \qquad (10.14)$$

Beispiel 10.4: Zur Ermittlung aller Wertepaare (x, y), die die Ungleichung

$$2x + y \leqq 1 \qquad (10.15)$$

erfüllen, erhält man durch Umstellung

$$y \leqq -2x + 1. \qquad (10.16)$$

Diese Ungleichung erfüllen alle Punkte der Geraden $y = -2x + 1$ und alle Punkte, die unterhalb dieser Geraden liegen (in Bild 10.2 durch //// dargestellt).

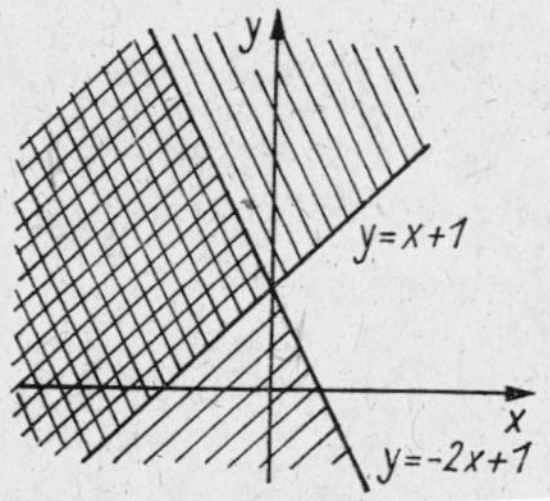

Bild 10.2

Beispiel 10.5: Zur Ermittlung aller Wertepapiere (x, y), die das Ungleichungssystem

$$2x + y \leqq 1, \qquad x - y \leqq -1 \tag{10.17}$$

erfüllen, erhält man durch Umstellung

$$y \leqq -2x + 1, \qquad y \geqq x + 1. \tag{10.18}$$

Die Punkte, die die erste Ungleichung erfüllen, sind bereits in Beispiel 10.4 ermittelt worden. Die zweite Ungleichung erfüllen alle Punkte auf der Geraden $y = x + 1$ und alle darüberliegenden Punkte (in Bild 10.2 durch \\\\ dargestellt). Beide Ungleichungen sind gleichzeitig erfüllt in dem im Bild 10.2 doppelt schraffiert dargestellten Gebiet.

10.4. Übungsaufgaben

10.1: Ungleichungen ohne Brüche

10.1.1: $x + 2 < 2x - 3.$

10.1.2: $x + 3 < 3x - 4.$

10.1.3: $3x + 3 < 15 - x.$

10.1.4: $3x - 50 > 12x + 76.$

10.1.5: $3x - 20 \leqq 10 + 7x.$

10.1.6: $x^2 \geqq x + 2.$

10.2: Ungleichungen mit Brüchen

10.2.1: $\dfrac{1}{x-3} \leqq 1.$

10.2.2: $\dfrac{3}{2x-4} \leqq 2.$

10.2.3: $\dfrac{x-1}{x+1} < 1.$

10.2.4: $\dfrac{x-3}{x+1} > \dfrac{x+2}{x-1}.$

10.2.5: $\dfrac{2x+1}{2x-2} + \dfrac{2x-3}{3x-3} \geqq 1.$

10.2.6: $\dfrac{3(4x-1)}{x-1} \geqq 12 - \dfrac{2(4x-3)}{x-1}.$

10.3: Ungleichungen mit Beträgen

10.3.1: $|2x - 3| < x.$

10.3.2: $|x - 2| < 3.$

10.3.3: $|2x - 3| < x + 3.$

10.3.4: $|x^2 - 4x| > 0.$

10.3.5: $\dfrac{2x+3}{|x+4|} \leqq 1.$

10.3.6: $\dfrac{|x-1|}{2x+2} \geqq 1.$

10.3.7: $|2x - 1| > |x - 1|.$

10.3.8: $|x + 2| > |x - 5|.$

10.4: Ungleichungen mit zwei Variablen ohne Beträge

10.4.1: $2y + 3 < 6x + 5.$

10.4.2: $\dfrac{3}{5}x + \dfrac{7}{10} \leqq \dfrac{1}{5}y - \dfrac{3}{10}.$

10.4.3: $\dfrac{2}{3}x + 2y - 1 \geqq \dfrac{1}{2}x - \dfrac{4}{3}y + 2.$

10.4.4: $\dfrac{2x+3}{3y-6} \geqq \dfrac{1}{3}.$

10.5: Gleichungen mit zwei Variablen und mit Beträgen

10.5.1: $y = |2x + 1| - x.$

10.5.2: $x + y + |2x + 1| = 0.$

10.5.3: $|3x + 2| = 2x - y.$

10.5.4: $|2x + y - 3| = 2y - 3x + 4.$

10.6: Ungleichungen mit zwei Variablen und mit Beträgen

10.6.1: $x + y < |3x + 2|.$

10.6.2: $y + |x - 2| \leqq 4.$

10.6.3: $x + |y - 2| < 3.$

10.6.4: $|x + 3| + |y - 5| \leqq 3.$

Lösungen der Aufgaben

1: Lineare Gleichungen mit einer Unbekannten

1.1.1: $x = \frac{a+b}{a-b-1}$ für $a \neq b+1$;
x beliebig für $a = b+1$ und $a+b=0$, d. h. für $a = \frac{1}{2}$ und $b = -\frac{1}{2}$;
keine Lösung für $a = b+1$ und $a+b \neq 0$.

1.1.2: $x = -\frac{bc}{a-b}$ für $a \neq b$; x beliebig für $a = b$ und $b \cdot c = 0$;
keine Lösung für $a = b$ und $b \cdot c \neq 0$.

1.1.3: $x = b$ für $a + 4b^2 - 4c \neq 0$, d. h. für $a \neq 4(c - b^2)$; x beliebig für $a = 4(c - b^2)$.

1.1.4: $x = -2(2a - b)$ für $2a - b \neq 0$, d. h. für $a \neq \frac{b}{2}$; x beliebig für $a = \frac{b}{2}$.

1.1.5: $x = \frac{a}{2}$ für $2a + 1 \neq 0$; d. h. für $a \neq -\frac{1}{2}$; x beliebig für $a = -\frac{1}{2}$.

1.2.1: $x = 3$. **1.2.2:** $x = 2$. **1.2.3:** $x = 0$. **1.2.4:** $x = \frac{9}{2}$.

1.3.1: Vor.: $x \neq 0$; $x = 1$ für $a \neq 1$; x bel., aber $x \neq 0$ für $a = 1$.

1.3.2: Vor.: $ab \neq 0$; $x = a$ für $|a| \neq |b|$; x bel. für $|a| = |b|$.

1.3.3: Vor.: $abx \neq 0$; $x = \frac{a+b}{a^2+b^2}$ für $a^2 + b^2 \neq 0$ (ist nach Vor. stets erfüllt);
keine Lösung für $a = -b$ wegen $x \neq 0$ (entspr. der Voraussetzung).

1.3.4: Vor.: $abx \neq 0$; $x = a$ für $a \neq \frac{4}{5}b$; x bel., aber $x \neq 0$, für $a = \frac{4}{5}b$.

1.3.5: Vor.: $ab \neq 0$; $x = \frac{a}{b}$ für $a^2 - b^2 + b \neq 0$, d. h. $a \neq \pm\sqrt{b(b-1)}$ und $b \neq 0$; x bel. für
$a = \pm\sqrt{b(b-1)}$.

1.3.6: Vor.: $abx \neq 0$; $x = \frac{5b}{4a+5b}$ für $a \neq -\frac{5}{4}b$;
keine Lösung für $a = -\frac{5}{4}b$ und $b \neq 0$ (s. Vor.).

1.3.7: Vor.: $abc \neq 0$; $x = a$ für $a^2 + ab - bc \neq 0$ und $c \neq 0$; (d. h. $a \neq -\frac{b}{2} \pm \frac{1}{2}\sqrt{b(b+4c)}$,
$c \neq 0$ ist nach Vor. stets erfüllt); x bel. für $a = -\frac{b}{2} \pm \frac{1}{2}\sqrt{b(b+4c)}$.

1.4.1: $x = 100$. **1.4.2:** $x = 3$. **1.4.3:** $x = -\frac{4}{9}$. **1.4.4:** $x = \frac{5}{3}$.
1.4.5: $x = 2$. **1.4.6:** $x = \frac{7}{2}$. **1.4.7:** $x = 12$. **1.4.8:** $x = 1$.
1.4.9: $x = \frac{5}{2}$. **1.4.10:** $x = 3$. **1.4.11:** $x = 20$.
1.4.12: $x = 1$. **1.4.13:** $x = \frac{3}{5}$. **1.4.14:** $x = 12$. **1.4.15:** $x = \frac{1}{4}$.
1.4.16: $x = \frac{9}{2}$. **1.4.17:** $x = 10$. **1.4.18:** $x = 6$. **1.4.19:** $x = \frac{1}{2}$.

1.5.1: Vor.: $|a| \neq |b|$; $x = \frac{a^2 - b^2}{a}$ für $a \neq 0$ und $a^2 + b^2 \neq 0$ (s. Vor.);
keine Lösung für $a = 0$, da dann lt. Vor. $b \neq 0$.

1.5.2: Vor.: $ab \neq 0$, $x \neq \frac{a}{b}$; $x = 1$ für $ab \neq 0$ und $a \neq -b$; x bel., aber $x \neq \frac{a}{b}$ für $a = -b$.

1.5.3: Vor.: $a \neq -2b$, $a \neq -\frac{b}{2}$; $x = 2(a+b)$ für $2a^2 - ab + 2b^2 \neq 0$;
x bel. für $2a^2 - ab + 2b^2 = 0$.

1.5.4: Vor.: $ab \neq 0, x \neq \frac{2}{a}, x \neq \frac{2}{b}$; $x = \frac{a+b}{ab}$ für $a \neq b$ und $ab \neq 0$ (s. Vor.); x bel. für $a = b$ $\left(\text{aber } x \neq \frac{2}{a} = \frac{2}{b} \text{ entspr. d. Vor.}\right)$.

1.5.5: Vor.: $x \neq \frac{1}{2}$; $x = \frac{a+b}{a-b}$ für $a \neq b$; x bel., aber $x \neq \frac{1}{2}$, d. h. $a \neq -3b$, für $a = b = 0$; keine Lösung für $a = b$ und $b \neq 0$.

1.5.6: Vor.: $|x| \neq |b|$; $x = -\frac{bc}{a-c}$ für $a \neq c$; x bel. für $a = c$ und $c = 0$ oder $b = 0$ (aber $|x| \neq |b|$ entspr. d. Vor.);
keine Lösung für $a = c \neq 0$ und $b \neq 0$.

1.5.7: Vor.: $b \neq 0$, $|a| \neq |b|$; $x = \frac{a-b}{2(a+b)}$ für $|a| \neq |b|$ (ist nach Vor. stets erfüllt).

1.5.8: Vor.: $x \neq \frac{1}{a}$ für $a \neq 0$, $|a| \neq |b|$; $x = \frac{1}{b}$ für $b \neq 0$ und $a \neq 0$; x bel. für $a = 0$ ($b \neq 0$ lt. Vor.);
keine Lösung für $a \neq 0$ und $b = 0$.

1.5.9: Vor.: $x \neq -a$, $x \neq -b$; $x = a - b$ für $a \neq -b$ sowie $a \neq \frac{b}{2}$ und $a \neq 0$ entspr. d. Vor.; x bel. für $a = -b$ (aber $x \neq \pm b$ entspr. d. Vor.).

1.5.10: Vor.: $|a| \neq |b|$; $x = \frac{a^2 - b^2}{ab}$ für $ab \neq 0$ und $a^2 + b^2 \neq 0$ (s. Vor.);
keine Lösung für $a = 0$ und $b \neq 0$ sowie für $a \neq 0$ und $b = 0$.

1.5.11: Vor.: $|a| \neq |b|$; $x = \frac{a-b}{a}$ für $a \neq 0$ und $a \neq 2b$; x bel. für $a = 2b$;
keine Lösung für $a = 0$ und $b \neq 0$.

1.5.12: Vor.: $|a| \neq |b|$; $x = \frac{a^2 - b^2}{ab}$ für $ab \neq 0$; x bel. für $b = 0$;
keine Lösung für $a = 0$ und $b \neq 0$ (s. Vor.).

1.5.13: Vor.: $|x| \neq \left|\frac{a}{b}\right|$, $b \neq 0$; $x = \frac{a-b}{3b}$ für $b \neq 0$ und $a \neq -b$ sowie $a \neq \frac{b}{4}$ und $a \neq -\frac{b}{2}$ (s. Vor.); x bel. für $a = -b$ (aber $x \neq \pm 1$ entspr. d. Vor.).

1.5.14: Vor.: $|x| \neq \left|\frac{1}{a^2}\right|$, $ab \neq 0$; $x = \frac{a+b}{2ab}$ für $ab \neq 0$ und $a \neq b$ sowie für $a \neq -\frac{b}{2} \pm \frac{1}{2}\sqrt{b(b \pm 8)}$ (s. Vor.); x bel. für $a = b$ $\left(\text{aber } |x| \neq \left|\frac{1}{b^2}\right| \text{ entspr. d. Vor.}\right)$.

1.6.1: a) $v_0 = \dfrac{s + \frac{1}{2}gt^2}{t}$; b) $g = \dfrac{2(v_0 t - s)}{t^2}$.

1.6.2: a) $s_1 = s_2 - v(t_2 - t_1)$; b) $t_1 = \dfrac{vt_2 + s_1 - s_2}{v}$.

1.6.3: a) $a = \dfrac{2v}{t_1 + t_2}$; b) $t_1 = \dfrac{2v}{a} - t_2$.

1.6.4: a) $h_2 = h_1 + \dfrac{E_{pot}}{mg}$; b) $h_1 = h_2 - \dfrac{E_{pot}}{mg}$.

1.6.5: a) $v_1 = \dfrac{k - (m_2 v_2 + m_3 v_3)}{m_1}$; b) $m_3 = \dfrac{k - (m_1 v_1 + m_2 v_2)}{v_3}$.

1.6.6: a) $m_1 = \dfrac{J - (m_2 r_2^2 + \ldots + m_n r_n^2)}{r_1^2}$;

b) $m_n = \dfrac{J - (m_1 r_2^2 + m_2 r_2^2 + \ldots + m_{n-1} r_{n-1}^2)}{r_n^2}$.

1.6.7: a) $\Delta t = \dfrac{m_1 - m_2}{m_2\gamma_2 - m_1\gamma_1}$; b) $\gamma_2 = \dfrac{m_1(1 + \gamma_1\Delta t) - m_2}{m_2\Delta t}$.

1.6.8: a) $t_2 = \dfrac{m_w(t - t_w) + cmt}{cm}$; b) $t = \dfrac{cmt_2 + m_w t_w}{m_w + cm}$.

1.6.9: a) $m_1 = \dfrac{m_2(2v_2 - v_1 - u_1)}{u_1 - v_1}$; b) $v_2 = \dfrac{u_1(m_1 + m_2) - v_1(m_1 - m_2)}{2m_2}$

1.6.10: a) $R = \dfrac{CR_1}{C + 4\pi KR_1}$; b) $R_1 = \dfrac{CR}{C - 4\pi KR}$.

1.6.11: a) $R_e = \dfrac{nI - BAR_l}{BA}$; b) $I = \dfrac{BA(R_e + R_l)}{n}$.

1.6.12: a) $n = \dfrac{R_a I}{U - R_i I}$; b) $R_a = \dfrac{n(U - R_i I)}{I}$.

1.6.13: a) $R_1 = \dfrac{E - I_2R_2}{I_1}$; b) $I_2 = \dfrac{E - I_1R_1}{R_2}$.

1.7.1: Die Zahl heißt 4. **1.7.2:** Die Zahl heißt 10.

1.7.3: Es werden 7 Batterien benötigt.

1.7.4: a) Die drei Widerstände sind 175 Ω, 350 Ω und 700 Ω.

b) Die Zweigströme haben die Werte $\frac{1}{7}$ A, $\frac{1}{14}$ A und $\frac{1}{28}$ A.

1.7.5: Das Volumen des verwendeten Materials muß mindestens 2 dm³ sein.

1.7.6: Es sind 11,538 l Benzin und 0,462 l Öl zu tanken.

1.7.7: Die gesamte Gruppe benötigt 1 Stunde 22 Min. für die Erledigung des Auftrages.

1.7.8: Die drei Motorpumpen benötigen 65,45 Min. zum Leerpumpen des Kellers.

1.7.9: Das Schwimmbecken wird in 8,57 Stunden gefüllt.

1.7.10: Der Omnibus benötigt zum Vorbeifahren $7\frac{1}{2}$ Sekunden und legt dabei eine Strecke von 100 m zurück.

1.7.11: Der ursprüngliche Abstand der beiden Läufer beträgt 330 m, der Umfang der Stadionbahn 480 m.

1.7.12: Aus der 3. Zeile folgt $x = 15$. Der Fehler entsteht durch Division durch null.

1.7.13: a) keine Lösung bzw. $x = 0$.
b) $x = 3$ bzw. $x_1 = 3$, $x_2 = 1$.
c) $x = -2$ bzw. keine Lösung (die Division durch null ist nicht möglich).

2: Lineare Gleichungssysteme

2.1.1: $x = 15$, $y = 12$. **2.1.2:** $x = 4$, $y = 3$.

2.1.3: $x = -\frac{8}{3}$, $y = -\frac{2}{9}$. **2.1.4:** $x = 1$, $y = 3$.

2.1.5: $x = 11$, $y = 13$.

2.1.6: $x = 5$, $y = 3$.

2.1.7: $x = -\frac{1}{3}$, $y = \frac{1}{2}$, $z = 0$.

2.1.8: $x = -\frac{1}{2}$, $y = 1$, $z = -2$.

2.2.1: $x = (a + b)^2$, $y = (a - b)^2$ für alle a, b.

2.2.2: Vor.: $b \neq 0, y \neq 0$; $x = \frac{a}{a^2 + b^2}$, $y = \frac{b}{a^2 + b^2}$ für $a^2 + b^2 \neq 0$ (s. Vor.); wegen $b \neq 0$ ist stets $y \neq 0$.

2.2.3: $x = \frac{a^2 + b^2}{a}$, $y = \frac{a^2 - b^2}{a}$ für $a \neq 0$;

für $a = 0$ und $b = 0$ ist $x = -y$, y bel.;
für $a = 0$ und $b \neq 0$ gibt es keine Lösungen.

2.2.4: Vor.: $ab \neq 0$, $|a| \neq |b|$; $x = -a(a - b)$, $y = b(a + b)$ für $a^2 + b^2 \neq 0$ (s. Vor.).

2.2.5: $x = \frac{a - b}{b}$, $y = \frac{a + b}{a}$ für $a \neq 0, b \neq 0, a \neq -b$;

für $a = 0, b \neq 0$ und $a \neq 0, b = 0$ gibt es keine Lösungen;
für $a \neq 0, b \neq 0$ und $a = -b$ ist $x = y - 2$, y bel.;
für $a = b = 0$ sind beide Gleichungen ohne Aussage $(0 \cdot x + 0 \cdot y = 0)$.

2.2.6: Vor.: $y \neq -\frac{1}{2}$, $y \neq 0$, $b \neq 0$; $x = \frac{a}{2(a - 2b)}$, $y = \frac{b}{2(a - 2b)}$

für $a \neq 2b$ und $a \neq b$ $\left(\text{wegen } y \neq -\frac{1}{2}\right)$;

für $a = 2b$ mit $b \neq 0$ (lt. Vor.) gibt es keine Lösungen.

2.2.7: Vor.: $|a| \neq |b|$; $x = \frac{a - b}{2}$, $y = \frac{a + b}{2}$ für $ab \neq 0$;

für $a = 0$ und $b \neq 0$ ist $x = y - b$, y bel.;
für $a \neq 0$ und $b = 0$ ist $x = a - y$, y bel.

2.2.8: Vor.: $a \neq 0, b \neq 0, |a| \neq |b|$; $x = a(a + b)$, $y = b(a - b)$

für $a^2 + ab - b^2 \neq 0$, d. h. $a \neq -\frac{b}{2} \pm \frac{b}{2}\sqrt{5}$;

für $a = -\frac{b}{2} + \frac{b}{2}\sqrt{5}$ ist $x = \frac{b^2}{2}\left(3 - \sqrt{5}\right) - \frac{1}{2}\left(\sqrt{5} + 1\right) y$, y bel.;

für $a = -\frac{b}{2} - \frac{b}{2}\sqrt{5}$ ist $x = \frac{b^2}{2}\left(3 + \sqrt{5}\right) + \frac{1}{2}\left(\sqrt{5} - 1\right) y$, y bel.

2.2.9: Vor.: $a \neq 0, b \neq 0, |a| \neq |b|$; $x = 2b(a + b)$, $y = 2a(b - a)$
für $a^2 - 4ab - b^2 \neq 0$, d. h. $a \neq b\,(2 \pm \sqrt{5})$;

für $a = b\left(2 + \sqrt{5}\right)$ ist $x = 2b^2\,(7 + 3\sqrt{5}) + \frac{1}{2}(\sqrt{5} - 1)\, y$, y bel.;

für $a = b\,(2 - \sqrt{5})$ ist $x = 2b^2\,(7 - 3\sqrt{5}) - \frac{1}{2}(\sqrt{5} + 1)\, y$, y bel.

2.2.10: Vor.: $|a| \neq |b|$; $x = \frac{a^2 - b^2}{2a}$, $y = \frac{a^2 - b^2}{2a}$

für $a \neq 0$ und $b \neq 0$;
für $a = 0$ und $b \neq 0$ gibt es keine Lösungen;
für $a \neq 0$ und $b = 0$ ist $x = a - y$, y bel.

2.2.11: Vor.: $a \neq 1$ (wegen $0 \cdot x + 0 \cdot y = 0$ für Gl. 1); $x = (a + b)^2$, $y = a^2 - b^2$ für $a \neq 0$;
für $a = 0$ ist $x = -y$, y bel.

2.2.12: Vor.: $|a| \neq |b|$; $x = \frac{1}{a^2 - b^2}$, $y = 0$ für $ab \neq 0$;

für $a = 0$ und $b \neq 0$ ist $x = y - \frac{1}{b^2}$, y bel.;

für $a \neq 0$ und $b = 0$ ist $x = \frac{1}{a^2} - y$, y bel.

2.2.13: Vor.: $|a| \neq |b| \neq 0$; $x = \frac{1}{a+b}$, $y = \frac{1}{a-b}$;

für $a = 0$ und $b \neq 0$ ist $y = -\frac{1}{b}$, x bel.;

für $a \neq 0$ und $b = 0$ ist $x = \frac{1}{a}$, y bel.

2.3.1: Die Stromstärken in den beiden Zweigen betragen 1 A und 8 A.

2.3.2: Gegenwärtig ist der Vater 53 Jahre und der Sohn 19 Jahre alt.

2.3.3: Der Abstand der beiden konzentrischen Kreise beträgt etwa 16 cm.

2.3.4: Der Schwimmer wiegt etwa 595 N.

2.3.5: Die Eigengeschwindigkeit des Flugzeuges beträgt etwa 976 km/h, die Windgeschwindigkeit 24 km/h.

2.3.6: Die Länge des kleinen Kreisbogens beträgt 54 cm, die des Kreisumfanges 120 cm.

2.3.7: Die konstant angenommene Geschwindigkeit des ersten Radsportlers beträgt 12 m/s, die des zweiten 8 m/s.

2.3.8: Die Freunde treffen sich 9.07 Uhr 57,6 km von Leipzig entfernt.

3: Quadratische Gleichungen

3.1.1: $x_1 = 2$, $x_2 = -7$.

3.1.2: $x_1 = -\frac{13}{4}$, $x_2 = -\frac{17}{4}$.

3.1.3: $x_1 = \frac{1}{2}$, $x_2 = -1$.

3.1.4: $x_1 = 4$, $x_2 = -6$.

3.1.5: Keine reellen Lösungen.

3.1.6: $x_1 = \frac{7}{3}$, $x_2 = \frac{3}{2}$.

3.1.7: $x_1 = \frac{3}{2}$, $x_2 = \frac{3}{4}$.

3.1.8: $x_1 = 7$, $x_2 = 2$.

3.1.9: $x_1 = 6$, $x_2 = -\frac{16}{3}$.

3.1.10: $x_1 = 1$, $x_2 = -\frac{45}{14}$.

3.1.11: $x_1 = 4$, $x_2 = -\frac{40}{11}$.

3.1.12: $x_1 = \frac{1}{2}$, $x_2 = -14$.

3.1.13: $x_1 = \frac{6}{5}$, $x_2 = \frac{1}{2}$.

3.1.14: $x_1 = -2$, $x_2 = -\frac{17}{2}$.

3.2.1: $x_1 = +\sqrt{\frac{b+1}{a}}$, $x_2 = -\sqrt{\frac{b+1}{a}}$ für $a > 0, b \geqq -1$ oder $a < 0, b \leqq -1$.

3.2.2: $x_1 = +\sqrt{\frac{b+1}{a-1}}$, $x_2 = -\sqrt{\frac{b+1}{a-1}}$ für $a > 1, b \geqq -1$ oder $a < 1, b \leqq -1$;

x bel. für $a = 1$ und $b = -1$; keine Lös. für $a = 1$ und $b \neq -1$.

3.2.3: $x_1 = \frac{1}{2}$, $x_2 = -\frac{1}{2}$ für $|a| \neq |b|$; x bel. für $|a| = |b|$.

3.2.4: $x_1 = \frac{b}{a}$, $x_2 = -\frac{b}{a}$ für $a \neq 0$; x bel. für $a = 0$ u. $b = 0$; keine Lös. für $a = 0$ und $b \neq 0$.

3.2.5: $x_1 = 0$, $x_2 = a^2$ für alle a.

3.2.6: $x_1 = 0$, $x_2 = \frac{2}{a+b}$ für $|a| \neq |b|$; x bel. für $a = b$; $x = 0$ für $a = -b \neq 0$.

3.2.7: $x_1 = 0$, $x_2 = \frac{a+b}{ab}$ für $ab \neq 0$; x bel. für $ab = 0$.

3.2.8: $x_1 = a$, $x_2 = \frac{1}{2}(b - a)$ für alle a, b.

3.2.9: $x_1 = a$, $x_2 = \frac{b}{2}$ für alle a, b.

3.2.10: $x_1 = a - b$, $x_2 = \frac{1}{2}b$ für alle a, b.

3.2.11: Vor.: $|a| \neq |b|$, $x \neq \frac{1}{2}(a + b)$; $x_1 = 0$, $x_2 = \frac{2ab}{a+b}$ für alle a, b entspr. der Vor.

3.2.12: Vor.: $a \neq 0$, $a \neq b$, $x \neq 0$; $x_1 = \frac{a+b}{a-b}$, $x_2 = 1$ für alle b, $a \neq 0$, $|a| \neq |b|$ (vgl. Voraussetzung).

3.2.13: Vor.: $x \neq 0$, $x \neq -a$; $x_1 = 2a$, $x_2 = a$ für $a \neq 0$.

3.2.14: Vor.: $x \neq 0$, $x \neq 2$; $x_1 = \frac{a+b}{a-b}$, $x_2 = \frac{a-b}{a+b}$ für $|a| \neq |b|$ und $|a| \neq 3 \cdot |b|$ entspr. der Vor.

3.3.1: $x_1 = 1$, $x_2 = -1$, keine reellen Lös. x_3, x_4.

3.3.2: $x_1 = 4$, $x_2 = -4$, keine reellen Lös. x_3, x_4.

3.3.3: Keine reellen Lösungen.

3.3.4: $x_1 = 5$, $x_2 = -5$.
$x_3 = 4$, $x_4 = -4$.

3.3.5: $x_1 = \frac{1}{2}(a + b)$, $x_2 = -\frac{1}{2}(a + b)$,
$x_3 = \frac{1}{2}(a - b)$, $x_4 = -\frac{1}{2}(a - b)$ für alle a, b.

3.4.1: $x_1 = 7$, $x_2 = 3$,
$y_1 = \frac{3}{7}$, $y_2 = 1$.

3.4.2: $x_1 = 3$, $x_2 = -3$,
$y_1 = 4$, $y_2 = -4$.

3.4.3: $x_1 = 3$, $x_2 = -\frac{12}{5}$,
$y_1 = 8$, $y_2 = -\frac{41}{5}$.

3.4.4: $x_1 = 3$, $x_2 = 1$,
$y_1 = 1$, $y_2 = 3$.

3.4.5: $x_1 = 2$, $x_2 = -2$,
$y_1 = 3$, $y_2 = -3$.

3.4.6: $x = \frac{5}{2}$, $y = \frac{3}{2}$.

3.4.7: $x_1 = 7$, $x_2 = 5$,
$y_1 = 5$, $y_2 = 7$.

3.4.8: $x_1 = 5$, $x_2 = 1$,
$y_1 = 4$, $y_2 = 0$.

4: Potenzen, Wurzeln und Wurzelgleichungen

4.1.1: -8. **4.1.2:** $2(7a^4 + 41x^4)$. **4.1.3:** $6(a-1)^3$.

4.1.4: $(1-x)\,a^3$.

4.2.1: Vor.: $ab \neq 0$; $(ab)^{2(x+1)}$.

4.2.2: Vor.: $abxy \neq 0$; $a^{2x}b^{2n-3x}x^{n-2}y^{n+5}$.

4.2.3: Vor.: $abcxyz \neq 0$; $\dfrac{9ay^2z}{10bcx}$.

4.2.4: Vor.: $aby \neq 0$, $|x| \neq 1$; $\dfrac{6a^2x^3}{y^3(1-x)}$.

4.2.5: Vor.: $ab \neq 0$; $(a^2 + ab + b^2)\,b$.

4.2.6: Vor.: $m, n = 1, 2, 3, \ldots$, $x^n \neq -y^{2m}$; $x^n - y^{2m}$.

4.2.7: Vor.: $n = 1, 2, 3, \ldots$, $a \neq b$; $a^{2n} + b^{2n}$.

4.2.8: Vor.: $a^5 \neq -\dfrac{3}{4}b^2$; $16a^{10} - 12a^5b^2 + 9b^4 = (4a^5 - 3b^2)^2 + 12a^5b^2$.

4.2.9: Vor.: $a \neq 0$, $a \neq -\dfrac{3}{2}$; $a(5a^2 + 4a + 3)$.

4.2.10: Vor.: $x \neq \sqrt{\dfrac{3}{2}}\,y$; $2x^3 - 3x^2y + 4xy^2 - 5y^3$.

4.2.11: Vor.: $3a^2 - 5ab^2 + 4b^4 \neq 0$; $3a^2 + 5ab^2 + 4b^4$.

4.3.1: Vor.: $abxy \neq 0$; $\dfrac{32x^8}{27y^6}$.

4.3.2: Vor.: $a \neq 0$, $|x| \neq 2|y|$, $a \neq -\dfrac{5}{2}b$; $\left[\dfrac{(2a-5b)(x-2y)}{2a(x+2y)}\right]^{n+1}$.

4.3.3: Vor.: $bx \neq 0$, $a \neq \dfrac{3}{2}b$, $x \neq -\dfrac{3}{2}y$; $\left[\dfrac{(2a+3b)(2x-3y)}{bx}\right]^2$.

4.3.4: Vor.: $abxy \neq 0$; $\dfrac{6ay}{25bx}$.

4.3.5: Vor.: $ab \neq 0$, $a \neq -b$; $(a+b)\,a^2b^{x-3}$.

4.3.6: Vor.: $|a| \neq \dfrac{1}{3}|b|$; $\dfrac{b-3a}{b+3a}$.

4.3.7: Vor.: $|a| \neq \dfrac{1}{2}|b|$; 9.

4.3.8: Vor.: $ab \neq 0$, $x \neq -y$; $a^2b(x+y)^2$.

4.3.9: Vor.: $c \neq 0$, $|x| \neq |y|$; $\left[\dfrac{2a}{c(x-y)}\right]^m \cdot \left[\dfrac{b}{c(x+y)}\right]^n$.

4.4.1: Ja, da $2 > 0$ und $\sqrt{2}$ deshalb definiert ist.

4.4.2: Nein, da $-3 < 0$ und $\sqrt{-3}$ nicht definiert ist.

4.4.3: Ja, für $a \geqq 0$. **4.4.4:** Ja, für $a \leqq 0$.

4.4.5: Ja, aber nur für $a = 0$. **4.4.6:** Ja, für $a \leqq 0$.

4.4.7: Ja, für $a \geqq -b$. **4.4.8:** Ja, für $a \geqq b$.

4.4.9: Ja, da für alle a, b $a^2 + b^2 \geqq 0$ ist.

4.4.10: Ja, für $|a| \geqq |b|$.

4.5.1: 1. **4.5.2:** -33. **4.5.3:** 6. **4.5.4:** $4\sqrt{7}$.

4.6.1: Vor.: $a \geqq 0, b \geqq 0$; $10(2a - 5b)$.

4.6.2: Vor.: $a \geqq 0$; $(7 - 6\sqrt{2})\,a$.

4.6.3: Vor.: $a \geqq 0, b \geqq 0$; $a + 2\sqrt{ab} + b$.

4.6.4: Vor.: $a \neq -b$; $\dfrac{3(a-b)}{5(a+b)}$.

4.6.5: Vor.: $|a| \geqq |b|$; $|b|$.

4.6.6: Vor.: $|a| > |b|$; $|a + b|$.

4.7.1: Vor.: $a \geqq 0$; a^{2n-1}.

4.7.2: $\sqrt[3]{3}$.

4.7.3: a.

4.7.4: Vor.: $b \geqq 0$; $\sqrt[5]{a^2 b}$.

4.7.5: $\sqrt[3]{a^2}$.

4.7.6: Vor.: $a \geqq 0$; $\sqrt[8]{a^7}$.

4.7.7: Vor.: $a \geqq 0$; $\sqrt[18]{a^{17}}$.

4.8.1: $2\sqrt[3]{4}$.

4.8.2: Vor.: $x > 0$; $\sqrt[3]{x^2}$.

4.8.3: Vor.: $x > 0$; $\dfrac{\sqrt[12]{x^5}}{x}$.

4.8.4: Vor.: $a > 0$; $\dfrac{\sqrt[5]{a^3}}{a^2}$.

4.8.5: Vor.: $a > 0$; $\dfrac{\sqrt[3]{a^2}}{a}$.

4.8.6: Vor.: $b > 0, c \neq 0$; $\dfrac{a\sqrt{b}}{c}$.

4.8.7: $17 + 12\sqrt{2}$.

4.8.8: $\dfrac{18 + 5\sqrt{10}}{2}$.

4.8.9: $2 - \sqrt{3}$.

4.8.10: $5 + 2\sqrt{6}$.

4.8.11: $5\left(\sqrt{30} + 3\sqrt{2} - 2\sqrt{3}\right)$.

4.8.12: $\dfrac{1 + \sqrt{3}}{2}$.

4.9.1: $x = \dfrac{25}{4}$ ist keine Lösung!

4.9.2: $x = 13$.

4.9.3: $x = \dfrac{23}{5}$.

4.9.4: $x = 17$.

4.9.5: $x = 15$.

4.9.6: $x = 9$.

4.9.7: $x = 49$.

4.9.8: $x = 13$.

4.9.9: $x = 3$.

4.9.10: $x = 3$.

4.9.11: $x = 3$.

4.9.12: $x_1 = 1$; $x_2 = -\dfrac{25}{3}$ ist keine Lösung!

4.9.13: $x = \dfrac{1}{4}$.

4.9.14: $x = \dfrac{12}{13}$.

4.9.15: $x_1 = 21$ ist keine Lösung; $x_2 = 9$.

4.9.16: $x_1 = 6$; $x_2 = -28$ ist keine Lösung!

4.9.17: $x_1 = 5$; $x_2 = \dfrac{3}{7}$ ist keine Lösung!

4.10.1: Vor.: $x \leqq a$; $x \geqq b$; $x = \dfrac{a+b}{2}$ für $a \geqq b$ entspr. d. Vor.

4.10.2: Vor.: $x \geqq 0$, $x \geqq -4a^2$; $x = \dfrac{25a^2}{36}$ ist keine Lösung!

4.10.3: Vor.: $x \geqq a, x \geqq -b, x \geqq \frac{a-b}{4}$; $x = \frac{ab}{b-a}$ für $a \neq b$ und $a < b$ entspr. d. Vor.

4.10.4: Vor.: $x \geqq -a, x \geqq 0, b \geqq 0$; $x = \frac{(a-b)^2}{4b}$ für $b \neq 0$ (mit $b > 0$ sind alle anderen Vor. erfüllt).

4.10.5: $x = 5$ für $a \neq c$ und $b \neq d$.

4.10.6: Vor.: $x \geqq -\frac{3}{2}a, x \geqq \frac{a}{2}, a \geqq 0$; $x = \frac{3}{4}a$ für $a \neq 0$ (mit $a > 0$ sind alle anderen Vor. erfüllt).

4.10.7: Vor.: $x \leqq a, x < b$; $x = a$ für $a \neq b$ und $a < b$ entspr. d. Vor.

4.10.8: Vor.: Wenn $x \geqq -a$ ist, muß $x > -b$ sein; wenn $x \leqq -a$ ist, muß $x < -b$ sein; wenn $a > 0$ ist, muß $b > 0$ sein; wenn $a < 0$ ist, muß $b < 0$ sein; $x = 0$.

4.10.9: Vor.: Wenn $x \leqq a$ ist, muß $x < b$ sein, wenn $x \geqq a$ ist, muß $x > b$ sein, wenn $b > 0$ ist, muß $a > 0$ sein, wenn $b < 0$ ist, muß $a < 0$ sein; $x = a + b$ für $a \neq b$ und $a \neq 0$ entspr. d. Vor.

4.10.10: Vor.: $x \geqq 0, x \neq 1, b \neq 0$; $x = \left(\frac{a+b}{a-b}\right)^2$ für $a \neq b$ und $b \neq 0$ entspr. d. Vor.

4.10.11: Vor.: $x \geqq -a, x \geqq -b, a \neq b$; $x = \frac{1}{3}(a - 4b)$ für $a \neq b$ und $a \geqq b$ entspr. d. Vor.

5: Logarithmenrechnung, logarithmische Gleichungen und Exponentialgleichungen

5.1.1: a) $x = 6$. b) $x = 1$. c) $x = 4$.
d) $x = -3$. e) $x = -1$. f) $x = -2$.
g) $x = -3$. h) $x = \frac{2}{3}$. i) $x = -1$.
j) $x = -\frac{3}{2}$.

5.1.2: a) $x = 3$. b) $x = 3$. c) $x = 2$.
d) $x = \frac{1}{2}$. e) $x = 16$. f) $x = 2$.
g) $x = 5$. h) $x = 10$.
i) x bel. pos., aber $x \neq 1$. j) $x = 10$.

5.1.3: a) $x = 2$. b) $x = 0$. c) $x = \frac{1}{3}$. d) $x = 2$.
e) $x = 6$. f) $x = 0$. g) $x = \frac{2}{3}$. d) $x = -\frac{1}{2}$.

5.1.4: a) $x = 81$. b) $x = 0{,}001$. c) $x = 1$.
d) $x = 32$. e) $x = \sqrt[3]{3}$. f) $x = \frac{1}{25}$.

5.2.1: a) Vor.: $a > 0, b > 0, c > 0$; $2 \lg a + 3 \lg b - \lg c$.
b) Vor.: $a > |b|$; $\lg(a+b) + \lg(a-b)$.
c) Vor.: $a^2 + b^2 > 0$; $\lg(a^2 + b^2)$.
d) Vor.: $a > -b$; $2 \lg(a+b)$.
e) Vor.: $a > 0, b > 0$; $2(\lg a + \lg b)$.
f) Vor.: $a > 0, b > 0$; $\lg a + \lg b - \lg(a+b)$.

g) Vor.: $a > |b|$;
$\lg (a^2 + b^2) - \lg (a + b) - \lg (a - b)$.

h) Vor.: $a > 0, b > 0, a > b$;
$2[\lg a + \lg b - \lg (a - b)]$.

i) Vor.: $a > 0, b > 0$;
$-\left(\frac{1}{2} \lg a + \lg b\right)$.

j) Vor.: $a > 0, b > 0$;
$\frac{5}{4}(3 \lg a - \lg b)$.

k) Vor.: $a > 0, b > 0$;
$2 (\lg b - \lg a)$.

5.2.2: a) Vor.: $a > 0, b > 0, c > 0$;
$\lg 8ab^2c^2$.

b) Vor.: $a > 0, b > 0$;
$\lg \frac{a^2}{b^4}$.

c) Vor.: $a > 0, b > 0, c > 0$;
$\lg \frac{c^2}{b}$.

d) Vor.: $a > 0, b > 0, c > 0, d > 0$;
$\lg \frac{\sqrt[3]{a}\, bd}{c^2}$.

e) Vor.: $a > -b, a^2 - ab + b^2 > 0$;
$\lg \sqrt{a^3 + b^3}$.

f) Vor.: $a > 0, b > 0$;
$\lg \frac{1}{a^3 \sqrt[3]{b}}$.

g) Vor.: $a > b, a \neq 0, b \neq 0$; wenn $a > 0$, dann $b > 0$; wenn $a < 0$, dann $b < 0$;
$\lg \left(\frac{a}{a - b}\right)^2$.

h) Vor.: $a > 0, b > 0$;
$\lg \sqrt[3]{\left(\frac{a}{b}\right)^2}$.

i) Vor.: $a > |b|$;
$\lg \frac{\sqrt{a^2 + b^2}}{\sqrt[3]{a^2 - b^2}}$.

5.3.1: $x = 40{,}05$.
5.3.2: $x = 39{,}72$.
5.3.3: $x = 1{,}272$.
5.3.4: $x = 0{,}3536$.
5.3.5: $x = 2864$.
5.3.6: $x = 3{,}905$.
5.3.7: $x = 7{,}68$.
5.3.8: $x = 2{,}428$.

5.4.1: $x_1 = 2$; $x_2 = -2$ ist keine Lösung!

5.4.2: $x = 1$.

5.4.3: $x = 2{,}324$.

5.4.4: $x = 2{,}5119$.

5.4.5: $x = 0{,}0000665$.

5.4.6: $x = 211{,}35$.

5.4.7: $x = \frac{1}{400}$.

5.4.8: $x = 0{,}534 \cdot 10^{373}$.

5.4.9: $x = 100$.

5.4.10: $x_1 = \frac{1}{100}$; $x_2 = -\frac{1}{100}$ ist keine Lösung!

5.4.11: $x = 1{,}0274$.

5.4.12: $x_1 = 4{,}2361$; $x_2 = -0{,}2361$.

5.4.13: $x = 1$.

5.4.14: $x_1 = 8$;
$x_2 = -8$ ist keine Lösung.

5.4.15: $x_1 = 6$;
$x_2 = -6$ ist keine Lösung.

5.4.16: $x = 0{,}01953$.

5.4.17: Vor.: $ax \geqq 0, x > \frac{1}{a}, a \neq 0$;
$x = \frac{11}{10a}$ für $a > 0$.

5.4.18: Vor.: $a > b, a^3 > b^3$,
$a^2 + ab + b^2 > 0, x > 0; x = 1$.

5.5: Für die hier auftretende Basis a gilt stets $a > 0$ (analog b, c).

5.5.1: $x = 1$.

5.5.2: $x_1 = 2$; $x_2 = -1$.

5.5.3: $x = 4$.

5.5.4: $x = 0$.

5.5.5: $x_1 = 0$; $x_2 = -8$.

5.5.6: Vor.: $m \neq 0$, $n \neq 0$; $x_1 = 0$; $x_2 = m + n$.

5.5.7: $x = 10$.

5.5.8: $x = -4$.

5.5.9: $x = 6{,}65$.

5.5.10: $x = -6{,}65$.

5.5.11: $x = -1{,}2925$.

5.5.12: $x = -15{,}872$.

5.5.13: $x = -3{,}09$.

5.5.14: $x = \dfrac{3 \lg a - \lg 2}{\lg a + \lg b}$ für $a \neq \dfrac{1}{b}$.

5.5.15: $x = \dfrac{\lg c}{n \lg a + \lg b}$ für $a^n \neq \dfrac{1}{b}$.

5.5.16: $x = \dfrac{\lg a - \lg b - \lg c}{\lg b + \lg c}$ für $b \neq \dfrac{1}{c}$.

6: Trigonometrie und goniometrische Gleichungen

6.1.1: 7,592.

6.1.2: 135°.

6.1.3: $0{,}55° = 0{,}009599$.

6.1.4: 1,1459°.

6.2.1: $\cos\alpha = \pm\dfrac{7}{25}$, $\tan\alpha = \pm\dfrac{24}{7}$, $\cot\alpha = \pm\dfrac{7}{24}$.

6.2.2: $\cos\alpha = \pm\dfrac{7}{25}$, $\tan\alpha = \mp\dfrac{24}{7}$, $\cot\alpha = \mp\dfrac{7}{24}$.

6.2.3: $\tan\alpha = \dfrac{12}{5}$, $\sin\alpha = \pm\dfrac{12}{13}$, $\cos\alpha = \pm\dfrac{5}{13}$.

6.2.4: $\sin\alpha = \pm\dfrac{1-n^2}{1+n^2}$, $\tan\alpha = \pm\dfrac{1-n^2}{2n}$, $\cot\alpha = \pm\dfrac{2n}{1-n^2}$.

6.2.5: $\cot\alpha = \dfrac{\sqrt{3}}{3}$, $\cos\alpha = \pm\dfrac{1}{2}$, $\sin\alpha = \pm\dfrac{\sqrt{3}}{2}$.

6.3.1: $y = -\sin\dfrac{3}{2}x$.

6.3.2: $y = -\sin\dfrac{x}{2}$.

6.3.3: $y = \dfrac{1}{\tan x}$.

6.3.4: $y = \tan x$.

6.4.1: $\sin\alpha$.

6.4.2: $\cos\alpha$.

6.4.3: $\sqrt{2}\cos\alpha$.

6.4.4: $\sqrt{2}\cos\alpha$.

6.5.1: Die Hangabtriebskraft beträgt 35 N, die Normalkraft 60,6 N.

6.5.2: Die Breite des Flusses beträgt 9,5 m.

6.5.3: Der Flächeninhalt des gleichschenkligen Dreiecks beträgt $A = h_c^2 \tan\dfrac{\gamma}{2}$, die Basis $c = 2h_c \tan\dfrac{\gamma}{2}$.

6.5.4: Die Resultierende beträgt 16,75 N, sie bildet mit der ersten Kraft einen Winkel von 65°.

6.5.5: Die Punkte A und B sind vom Punkt C 750 m bzw. 628 m entfernt.

6.5.6: Die Höhe des Turmes beträgt 84,5 m; er ist vom Kilometerstein 3,2 104 m entfernt.

6.5.7: Die Spitze des Berges liegt 1311,55 m über dem Wasserspiegel des Bergsees.

6.5.8: Der Einfallswinkel ist 40,05°.

6.6.1: $x_1 = \pi + 6k\pi$, $\quad x_2 = 2\pi + 6k\pi$.

6.6.2: $x_1 = 260° + k \cdot 360°$, $\quad x_2 = 280° + k \cdot 360°$.

6.6.3: $x = 174{,}98° + k \cdot 180°$.

6.6.4: $x_1 = \frac{\pi}{36} + k\pi$, $\quad x_2 = \frac{13\pi}{36} + k\pi$.

6.6.5: $x = 157{,}51° + k \cdot 180°$

6.6.6: $x_1 = \frac{\pi}{18} + \frac{2}{3}k\pi$, $\quad x_2 = \frac{5\pi}{9} + \frac{2}{3}k\pi$.

6.6.7: $x = 30° + k \cdot 180°$.

6.6.8: $x_1 = 45° + k \cdot 360°$, $\quad x_2 = 135° + k \cdot 360°$.

6.6.9: $x_1 = \frac{4\pi}{15} + k\pi$, $\quad x_2 = \frac{7\pi}{15} + \frac{1}{2}k\pi$.

6.6.10: $x_1 = 46{,}78° + k \cdot 360°$; $\quad x_2 = 133{,}22° + k \cdot 360°$;
$x_3 = 193{,}22° + k \cdot 360°$; $\quad x_4 = 346{,}78° + k \cdot 360°$.

6.6.11: $x_1 = 38{,}66° + k \cdot 360°$; $\quad x_2 = 321{,}34° + k \cdot 360°$.

6.6.12: $x_1 = 34{,}88° + k \cdot 360°$; $\quad x_2 = 101{,}52° + k \cdot 360°$.

6.6.13: $x_1 = k\pi$; $\quad x_2 = \frac{\pi}{4} + \frac{1}{2}k\pi$.

6.6.14: $x_1 = \frac{\pi}{2} + k\pi$; $\quad x_2 = \pi + 2k\pi$.

6.6.15: $x_1 = (2k + 1)\pi$; $\quad x_2 = \frac{3\pi}{2} + 2k\pi$.

6.6.16: $x_1 = 17{,}03° + k \cdot 360°$; $\quad x_2 = 162{,}97° + k \cdot 360°$.

6.6.17: $x_1 = 80° + k \cdot 180°$; $\quad x_2 = 144{,}94° + k \cdot 180°$.

6.6.18: $x_1 = 18° + k \cdot 360°$; $\quad x_2 = 78° + k \cdot 360°$.

6.6.19: $x_1 = \frac{\pi}{6} + k\pi$; $\quad x_2 = \frac{\pi}{3} + k\pi$.

6.6.20: $x_1 = 21{,}12° + k \cdot 360°$; $\quad x_2 = 90° + k \cdot 180°$;
$x_3 = 158{,}88° + k \cdot 360°$; $\quad x_4 = 223{,}92° + k \cdot 360°$;
$x_5 = 316{,}08° + k \cdot 360°$.

6.6.21: $x_1 = 53{,}13° + k \cdot 180°$; $\quad x_2 = 135° + k \cdot 180°$.

6.6.22: $x = 75° + k \cdot 360°$.

6.6.23: $x_1 = 80{,}7° + k \cdot 360°$; $\quad x_2 = 242{,}48° + k \cdot 360°$.

6.6.24: Keine Lösungen!

7: Ebene Geometrie

7.1.1: a) $y = x - 2,$
$y = -x,$
$y = +\frac{1}{3}\sqrt{3}\,x - \frac{1}{3}\sqrt{3} - 1,$
$y = -\frac{1}{3}\sqrt{3}\,x + \frac{1}{3}\sqrt{3} - 1;$

b) $y = x + 2,$
$y = -x - 1,$
$y = \frac{1}{3}\sqrt{3}\,x + \frac{1}{2}\sqrt{3} + \frac{1}{2},$
$y = -\frac{1}{3}\sqrt{3}\,x - \frac{1}{2}\sqrt{3} + \frac{1}{2}.$

7.1.2: a) $\frac{x}{3} + \frac{y}{2} = 1,$
$2x + 3y - 6 = 0,$
$y = -\frac{2}{3}x + 2,$
$\alpha = 146{,}3°;$

b) $-\frac{x}{2} - \frac{y}{4} = 1,$
$-2x - y - 4 = 0,$
$y = -2x - 4,$
$\alpha = 116{,}5°.$

7.1.3: a) $d = \frac{-9}{5};$ b) $d = \frac{-44}{13}.$

7.1.4: a) $x_s = 6,\quad y_s = 4,\quad \sphericalangle(g_1, g_2) = 15{,}2°;$
b) $x_s = 6,\quad y_s = 5,\quad \sphericalangle(g_1, g_2) = 22{,}2°.$

7.1.5: a) $A(-5; -1),$
$B(3; -2),$
$C(-3; 8);$

b) $a = 11{,}7,$
$b = 9{,}22,$
$c = 8{,}06;$

c) $s_a\colon y = \frac{4}{5}x + 3,\qquad s_a = 6{,}4,$
$s_b\colon y = -\frac{11}{14}x + \frac{5}{14},\qquad s_b = 8{,}9,$
$s_c\colon y = -\frac{19}{4}x - \frac{69}{8},\qquad s_c = 9{,}72;$

d) $h_a\colon y = \frac{3}{5}x + 2,\qquad h_a = 6{,}34,$
$h_b\colon y = -\frac{2}{9}x - \frac{4}{3},\qquad h_b = 8{,}02,$
$h_c\colon y = 8x + 32,\qquad h_c = 9{,}19;$

e) $\alpha = 84{,}6°,$
$\beta = 51{,}9°,$
$\gamma = 43{,}5°;$

f) $m_a\colon y = \frac{3}{5}x + 3,$
$m_b\colon y = -\frac{2}{9}x + \frac{47}{18},$
$m_c\colon y = 8x + \frac{13}{2};$
$S(-0{,}47; 2{,}72).$

7.1.6: a) $y = 2x - 4,$ b) $y = -\frac{5}{4}x + \frac{23}{4}.$

7.1.7: $y = -3x - 3.$

7.2.1: a) $x^2 + y^2 + 4x - 6y - 12 = 0;$

b) $(x - 2{,}1)^2 + (y - 2{,}1)^2 = 4{,}41$
oder $(x - 11{,}9)^2 + (y - 11{,}9)^2 = 141{,}6;$

c) $(x - 2)^2 + (y + 1)^2 = 16;$

d) $x^2 + y^2 - 8x = 0$ oder $x^2 + y^2 + 8x = 0;$

e) $x^2 + y^2 + 6x + 4y - 12 = 0$ oder $x^2 + y^2 - 2x - 24 = 0$;

f) $x^2 + y^2 - 10x + 4y + 4 = 0$ oder $x^2 + y^2 - 5x - 6y + 9 = 0$.

7.2.2: a) $P_1(-1; 10)$ und $P_2(-4; 7)$;

b) $P(3; 5)$ ist Berührungspunkt;

c) keine Lösungen;

d) $P_1(8{,}78; 4{,}78)$ und $P_2(-4{,}78; -8{,}78)$.

7.2.3: a) $y = 0{,}58x + 9{,}2$,

$y = -0{,}58x - 1{,}19$,

$y = 1{,}12x - 8{,}35$,

$y = -1{,}12x - 1{,}65$;

b) $y = -\frac{5 \cdot \sqrt{11}}{11}x + \frac{36 \cdot \sqrt{11}}{11}$,

$y = -2 \cdot \sqrt{2}x + 18$,

$y = -\frac{2 \cdot \sqrt{5}}{5}x + \frac{18 \cdot \sqrt{5}}{5}$;

c) $y = \frac{4}{3}x + \frac{10}{3}$,

$y = -\frac{4}{3}x + \frac{8}{3}$;

d) $y = \frac{1}{2}x + 2\sqrt{5}$, $\quad y = -2x + 4\sqrt{5}$

$y = \frac{1}{2}x - 2\sqrt{5}$, $\quad y = -2x - 4\sqrt{5}$.

7.2.4: a) Die Kreise liegen konzentrisch zueinander.

b) Die Kreise berühren einander von außen.

c) Die Kreise schneiden sich in den Punkten $P_1\left(-\frac{3}{2} + \frac{1}{2}\sqrt{41}, -\frac{1}{2} - \frac{1}{2}\sqrt{41}\right)$

und $P_2\left(-\frac{3}{2} - \frac{1}{2}\sqrt{41}, -\frac{1}{2} + \frac{1}{2}\sqrt{41}\right)$.

d) Die Kreise berühren einander von innen.

e) Die Kreise schneiden sich in den Punkten $P_1(4, 2)$ und $P_2(2{,}2; -1{,}6)$.

7.3.1: a) $y^2 = 6x$;

b) $x^2 = 6y$.

7.3.2: a) $y^2 = \frac{16}{5}x$, $\quad p = \frac{8}{5}$, $\quad f = \frac{4}{5}$;

$x^2 = \frac{25}{4}y$, $\quad p = \frac{25}{8}$, $\quad f = \frac{25}{16}$;

b) $y^2 = \frac{4}{9}x$, $\quad p = \frac{2}{9}$, $\quad f = \frac{1}{9}$;

$x^2 = -\frac{81}{2}y$, $\quad p = -\frac{81}{4}$, $\quad f = \frac{81}{8}$.

7.3.3: a) Die Kurven berühren sich im Punkt $P(4; 4)$.

b) Die Kurven meiden einander.

c) Die Kurven schneiden sich in den Punkten $P_1(4; -4)$ und $P_2(1; 2)$.

7.3.4: a) $(y - 3)^2 = 4(x + 2)$;

b) $(y + 4)^2 = -x$;

c) $(x - 3)^2 = 14(y - 1)$;

d) $(x + 5)^2 = -6y$.

7.3.5: a) $S(-3; 1)$, $\quad p = 1$, $\quad$ nach oben geöffnet;

b) $S(0; 1)$, $\quad p = -\frac{3}{2}$, $\quad$ nach links geöffnet;

c) $S(-4; 4)$, $\quad p = -\frac{1}{2}$, $\quad$ nach unten geöffnet;

d) $S\left(\frac{2}{3}; 0\right)$, $\quad p = -\frac{3}{2}$, $\quad$ nach links geöffnet;

e) $S(1; -2)$, $p = \frac{1}{6}$, nach oben geöffnet;

f) $S(3; 0)$, $p = \frac{1}{2}$, nach oben geöffnet.

7.3.6: $y = 1 - 5x + 2x^2$, $S\left(\frac{5}{4}; -\frac{17}{8}\right)$, $p = \frac{1}{4}$.

7.4.1: $a = 5, b = 3$,
$A_1(-5; 0), A_2(5; 0)$,
$B_1(0; 3), B_2(0; -3)$,
$F_1(-4; 0), F_2(4; 0)$,
$p = \frac{9}{5}$.

7.4.2: $\frac{x^2}{25} + \frac{y^2}{16} = 1$.

7.4.3: $\frac{x^2}{100} + \frac{y^2}{25} = 1$.

7.4.4: a) $M(3; 1)$, $a = 10$, $b = 5$;
b) $M(0; -7)$, $a = 2 \cdot \sqrt{2}$, $b = 4 \cdot \sqrt{2}$;
c) $M(1; 2)$, $a = 2 \cdot \sqrt{3}$, $b = 2$;
d) $M(-3; 4)$, $a = 3$, $b = 4$.

7.4.5: a) $\frac{(x-3)^2}{100} + \frac{y^2}{36} = 1$; b) $\frac{x^2}{169} + \frac{(y+6)^2}{144} = 1$.

7.5.1: a) $a = 3, b = 4, e = 5$,
x-Richtung,
$y = \pm \frac{4}{3} x$;

b) $a = 5, b = 12, e = 13$,
x-Richtung,
$y = \pm \frac{12}{5} x$;

c) $a = \sqrt{3}, b = 1, e = 2$,
y-Richtung,
$y = \pm \frac{1}{3} \sqrt{3}\, x$;

d) $a = 6, b = 8, e = 10$,
y-Richtung,
$y = \pm \frac{4}{3} x$.

7.5.2: $\frac{x^2}{20} - \frac{y^2}{20} = 1$.

7.5.3: $\frac{x^2}{25} - \frac{y^2}{16} = 1$.

7.5.4: $\frac{x^2}{36} - \frac{y^2}{81} = 1$.

7.5.5: $\frac{y^2}{4} - \frac{x^2}{16} = 1$.

7.5.6: $P_{1;2}\left(\pm \frac{a}{2}\sqrt{6}; \frac{a}{2}\sqrt{2}\right)$,
$P_{3;4}\left(\pm \frac{a}{2}\sqrt{6}; -\frac{a}{2}\sqrt{2}\right)$.

7.5.7: a) $M(-1; -2)$, $a = 5$, $b = 4$, x-Richtung;
b) $M(-1; -2)$, $a = 1$, $b = \frac{2}{3}\sqrt{3}$, y-Richtung;
c) zwei Gerade: $\frac{y+3}{x-1} = \pm \frac{3}{2}$.

7.5.8: a) $\frac{(x-2)^2}{144} - \frac{(y+3)^2}{100} = 1$; b) $\frac{(y+2)^2}{9} - \frac{(x+4)^2}{16} = 1$.

7.5.9: $\frac{x^2}{10} - \frac{y^2}{10} = 1$; $x_{1;2} = \pm 3\sqrt{2}$; $y_{1;2} = \pm 2\sqrt{2}$.

7.5.10: a) $y^2 = 8x$, b) $P_{1;2}(6; \pm 4\sqrt{3})$, c) $\frac{x^2}{100} + \frac{y^2}{75} = 1$.

7.6.1: $\frac{(x-5)^2}{7} - \frac{y^2}{5} = 1$; Hyperbel mit $M(5;0)$, $a = \sqrt{7}$, $b = \sqrt{5}$.

7.6.2: $(y-3)^2 = -(x-12)$; nach links geöffnete Parabel mit $S(6;3)$, $p = -\frac{1}{2}$.

7.6.3: $(x-2)^2 = -2\left(y-\frac{1}{2}\right)$; nach unten geöffnete Parabel mit $S\left(2,\frac{1}{2}\right)$, $p = -1$.

7.6.4: $\frac{\left(x-\frac{3}{2}\right)^2}{36} + \frac{\left(y-\frac{4}{3}\right)^2}{16} = 1$; Ellipse mit $M\left(\frac{3}{2};\frac{4}{3}\right)$, $a = 6$, $b = 4$.

7.6.5: $\frac{(x-4)^2}{25} + \frac{(y+1)^2}{16} = 1$; Ellipse mit $M(4;-1)$, $a = 5$, $b = 4$.

7.6.6: $(x+y+6)(x-y+1) = 0$; zwei Gerade $y = -x-6$ und $y = x+1$.

7.6.7: $\frac{(y-2)^2}{4} - \frac{(x+1)^2}{6} = 1$; Hyperbel mit $M(-1;2)$, $a = 2$, $b = \sqrt{6}$.

7.6.8: $\left(x+\frac{3}{2}\right)^2 = 4\left(y+\frac{41}{16}\right)$; nach oben geöffnete Parabel mit $S\left(-\frac{3}{2};-\frac{41}{16}\right)$, $p = 2$.

7.6.9: $\frac{\left(x-\frac{4}{5}\sqrt{5}\right)^2}{\frac{3}{2}} + \frac{\left(y-\frac{3}{5}\sqrt{5}\right)^2}{9} = -1$; imaginäre Ellipse.

7.6.10: $(x+1)^2 + (y+1)^2 = \frac{13}{2}$; Kreis mit $r = \sqrt{\frac{13}{2}}$, $M(-1;-1)$.

8: Vektoralgebra und Anwendung auf die analytische Geometrie

8.1.1: $\mathbf{s}_a = \mathbf{c} + \frac{1}{2}\mathbf{a}$, $\mathbf{s}_b = \mathbf{a} + \frac{1}{2}\mathbf{b}$, $\mathbf{s}_b = \mathbf{b} + \frac{1}{2}\mathbf{c}$.

8.1.2: a) $\mathbf{x} = (11, 12, 15)$, b) $\mathbf{x} = (7, -11, 10)$.

8.1.3: a) $\mathbf{e} = \frac{\mathbf{x}}{\sqrt{157}}$,

b) $\mathbf{e} = \frac{\mathbf{x}}{3}$.

8.1.4: $\frac{|\mathbf{a}|}{|\mathbf{b}|} = \frac{3}{1}$.

8.1.5: $\mathbf{a} = \frac{1}{2}(\mathbf{e}+\mathbf{f})$,

$\mathbf{b} = \frac{1}{2}(\mathbf{e}-\mathbf{f})$.

8.1.6: $\mathbf{a} = \mathbf{x}_1 + \mathbf{x}_2 + \mathbf{x}_3$,
$\mathbf{a} = \lambda_1\mathbf{a}_1 + \lambda_2\mathbf{a}_2 + \lambda_3\mathbf{a}_3$
mit $\lambda_1 = 2$, $\lambda_2 = -4$, $\lambda_3 = 7$;
$\mathbf{x}_1 = 6\mathbf{e}_1 + 8\mathbf{e}_2 + 2\mathbf{e}_3$,
$\mathbf{x}_2 = \quad - 8\mathbf{e}_2 - 4\mathbf{e}_3$,
$\mathbf{x}_3 = 7\mathbf{e}_1 + 7\mathbf{e}_2 + 7\mathbf{e}_3$.

8.1.7: a) $\lambda_1 = \lambda_2 = \lambda_3 = 0$;
$\mathbf{a}_1, \mathbf{a}_2, \mathbf{a}_3$ sind lin. unabhängig.
b) $\lambda_1 = 5$, $\lambda_2 = 3$, $\lambda_3 = -2$;
$\mathbf{a}_1, \mathbf{a}_2, \mathbf{a}_3$ sind linear abhängig.

8.2.1: a) $\mathbf{a}\cdot\mathbf{b} = 6$,
b) $\mathbf{a}\cdot\mathbf{b} = 9\sqrt{3}$.

8.2.2: $\varphi_1 = 0°$,
$\varphi_2 = 180°$.

8.2.3: a) $\mathbf{a}\cdot\mathbf{b} = 30$,
$\sphericalangle(\mathbf{a},\mathbf{b}) = 30{,}7°$,

b) $\mathbf{a}\cdot\mathbf{b} = 0$,
$\sphericalangle(\mathbf{a},\mathbf{b}) = 90°$.

8.2.4: a) $\mathbf{a} \cdot \mathbf{b} = -1$, b) $\mathbf{a} \cdot \mathbf{c} = 17$, c) $\mathbf{b} \cdot \mathbf{c} = -17$,

d) $(\mathbf{a} + \mathbf{b}) \cdot \mathbf{c} = 0$, $\cdot$ $\mathbf{ac} + \mathbf{bc} = 0$,

e) $(\mathbf{a} \cdot \mathbf{b}) \cdot \mathbf{c} = -\mathbf{c}$,
$\mathbf{a} \cdot (\mathbf{b} \cdot \mathbf{c}) = -17\mathbf{e}_1 - 51\mathbf{e}_2 + 17\mathbf{e}_3$.

8.2.5: $\lambda = \frac{1}{10}$.

8.2.6: $\sphericalangle(\mathbf{a}, \mathbf{b}) = 135°$.

8.2.7: $\mathbf{x}_1 = (-2, 1, 1)$, $\mathbf{x}_2 = (2, -1, -1)$.

8.2.8: $\varphi = 54{,}72°$.

8.2.9: $W = 70$ Nm.

8.3.1: $\mathbf{a} \times \mathbf{b} = -29\mathbf{e}_1 + 9\mathbf{e}_2 + 22\mathbf{e}_3$,
$\mathbf{b} \times \mathbf{a} = 29\mathbf{e}_1 - 9\mathbf{e}_2 - 22\mathbf{e}_3$.

8.3.2: a) $\mathbf{e}_1 \times \mathbf{e}_2 = \mathbf{e}_3$, b) $\mathbf{e}_2 \times \mathbf{e}_1 = -\mathbf{e}_3$, c) $\mathbf{e}_1 \times \mathbf{e}_1 = \mathbf{0}$.

8.3.3: a) $\mathbf{a} \times \mathbf{b} = -9\mathbf{e}_1 - \mathbf{e}_2 - 8\mathbf{e}_3$, b) $\mathbf{a} \times \mathbf{c} = 4\mathbf{e}_1 - \mathbf{e}_2 + 5\mathbf{e}_3$,
c) $\mathbf{b} \times \mathbf{c} = -6\mathbf{e}_1 + 8\mathbf{e}_2 - \mathbf{e}_3$, d) $\mathbf{c} \times \mathbf{b} = 6\mathbf{e}_1 - 8\mathbf{e}_2 + \mathbf{e}_3$,
e) $(\mathbf{a} + \mathbf{b}) \times \mathbf{c} = -2\mathbf{e}_1 + 7\mathbf{e}_2 + 4\mathbf{e}_3$, f) $(\mathbf{a} \times \mathbf{b}) \times \mathbf{c} = 18\mathbf{e}_1 - 42\mathbf{e}_2 - 15\mathbf{e}_3$.

8.3.4: $|M| = 12{,}99$ Nm.

8.4.1: a) $l = 5$; b) $l = \sqrt{29}$; c) $l = \sqrt{149}$.

8.4.2: a) $P_m\left(\frac{1}{2}; -1\right)$; b) $P_m\left(6; 5; \frac{9}{2}\right)$; c) $P_m\left(1; \frac{1}{2}; \frac{7}{2}\right)$.

8.4.3: $P_T\left(\frac{1}{3}; 3\right)$ bzw. $P_T(-9; -5)$.

8.4.4: a) $S\left(\frac{5}{3}; \frac{7}{3}\right)$; b) $S\left(1; \frac{7}{3}; \frac{8}{3}\right)$.

8.4.5: a) $\mathbf{x} = (1, 2) + \lambda(1, -1)$;
b) $\mathbf{x} = (1, -2, 3) + \lambda(-1, 4, -2)$;
c) $\mathbf{x} = (4, 5, 2) + \lambda(-3, -6, 1)$.

8.4.6: a) Die Geraden schneiden sich im Punkte $S(2; -6)$.
b) Die Geraden verlaufen parallel.
c) Die Geraden schneiden sich im Punkte $S(13; -2; 9)$.
d) Die Geraden verlaufen windschief zueinander.
e) Die Geraden verlaufen windschief zueinander.

8.4.7: a) $\mathbf{x} = (1, 4, -1) + \lambda(2, -5, -1) + \mu(0, -5, 0)$;
b) $\mathbf{x} = (2, 3, 1) + \lambda(-3, -7, 2) + \mu(-7, -5, 0)$.

8.4.8: a) $5x_1 + 3x_2 = -2$; b) $-3x_1 + x_2 = -5$.

8.4.9: a) $17x_1 + 11x_2 - x_3 = 74$; b) $x_2 - x_3 = -2$.

8.4.10: a) $\mathbf{x} = (3, 0) + \lambda(-3, -4)$; b) $\mathbf{x} = (-4, 0) + \lambda(-3, -2)$.

8.4.11: a) $\mathbf{x} = (12, 0, 0) + \lambda(-12, 4, 0) + \mu(12, 0, 3)$;
b) $\mathbf{x} = (3, 0, 0) + \lambda(-3, -3, 0) + \mu(-3, 0, 3)$.

8.4.12: a) $A = 2$; b) $A = 0$.

8.4.13: a) $B = 2\sqrt{14}$; b) $B = -2\sqrt{2}$.

8.4.14: a) $\mathbf{x} = (1, 1, 1) + \lambda(2, 1, 1) + \mu(1, 0, 0)$;
b) $\mathbf{x} = (4, -2, 6) + \lambda(6, 7, 2) + \mu(-3, 2, 2)$.

8.4.15: a) $2x_1 + 3x_2 - x_3 = 15$; b) $x_1 - x_2 + 2x_3 = 10$.

8.4.16: a) $S = \left(-\frac{5}{2}, -4, -\frac{7}{2}\right)$; b) kein Schnittpunkt;
c) die Gerade liegt in der Ebene.

9: Funktionen.

9.1.1: a) $D_f = \{(-\infty, 0), (0, \infty)\}$, $W_f = (-\infty, \infty)$;
b) $D_f = (0, \infty)$, $W_f = (-\infty, \infty)$;
c) $D_f = (0, \infty)$, $W_f = (-\infty, \infty)$.

9.1.2: a) $D_f = [-1, 1]$, $W_f = [0, 1]$;
b) $D_f = [2, \infty)$, $W_f = [0, \infty)$;
c) $D_f = \{(-\infty, -1), (1, \infty)\}$, $W_f = (0, \infty)$.

9.1.3: a) $D_f = (-\infty, \infty)$, $W_f = (1, \infty)$;
b) $D_f = (-\infty, 0]$, $W_f = [0, 1)$;
c) $D_f = \{(-\infty, 1), (1, \infty)\}$, $W_f = (0, \infty)$;
d) $D_f = [0, \infty)$, $W_f = [0, \infty)$;
e) $D_f = (0, \infty)$, $W_f = (-\infty, 0)$.

9.1.4: a) $D_f = (2k\pi, (2k+1)\pi)$, $W_f = (-\infty, 0)$;
b) $D_f = \{(0, 10), (10, \infty)\}$, $W_f = \{(-\infty, 0), (0, \infty)\}$;
c) $D_f = (1, \infty)$, $W_f = (-\infty, \infty)$.

9.2.1: $y = f^{-1}(x) = -\frac{1}{3}x + \frac{2}{3}$, $x \in D_{f^{-1}} = (-\infty, \infty)$ (Bild 9.12).

9.2.2: $y = f^{-1}(x) = \frac{x+1}{x-1}$, $x \in D_{f^{-1}} = \{(-\infty, 1), (1, \infty)\} = W_f$ (Bild 9.13).

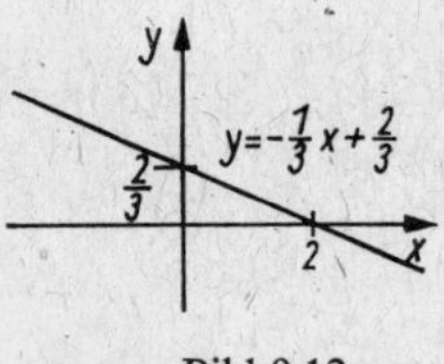

Bild 9.12

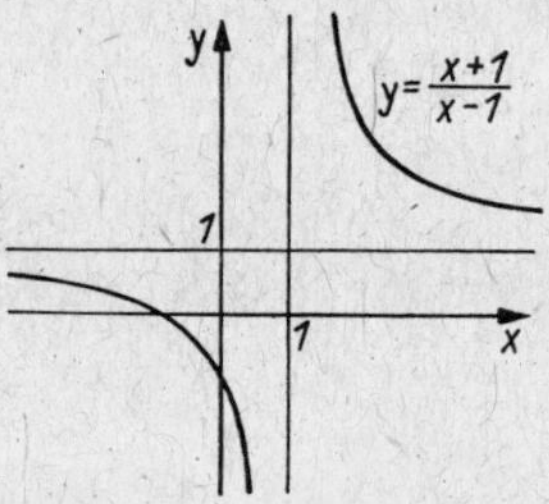

Bild 9.13

9.2.3: $y_1 = f_1^{-1}(x) = \sqrt[3]{x}$, $x \in D_{f^{-1}} = [0, \infty)$,
$y_2 = f_2^{-1}(x) = -\sqrt[3]{-x}$, $x \in D_{f^{-1}} = (-\infty, 0]$ (Bild 9.14).

9.2.4: $y = f^{-1}(x) = e^{x-1}$, $x \in D_{f^{-1}} = (-\infty, \infty)$ (Bild 9.15).

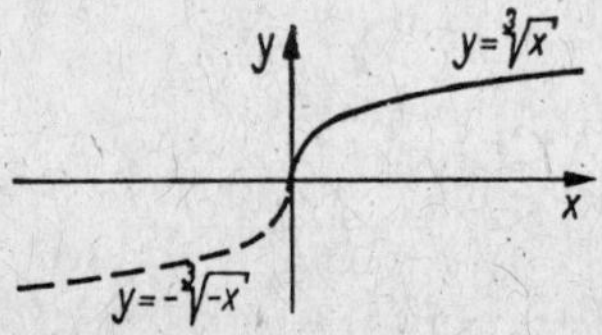

Bild 9.14

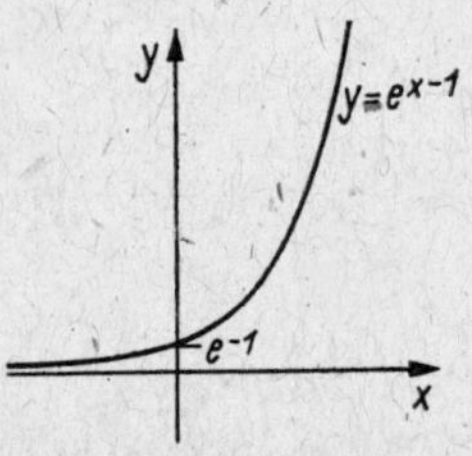

Bild 9.15

9.3.1: Vor.: $x \neq a$,

$$x = f(y) = a \cdot \frac{y+1}{y-1}, \; y \neq 1.$$

.3.2: Vor.: $x \geqq 0, x \neq 1$,

$$x = f(y) = \left(\frac{y-1}{y+1}\right)^2, \; y \neq -1.$$

9.3.3: Vor.: $x \geqq 0, a \geqq 0, \sqrt{a} + \sqrt{x} > 0$,

$$x = f(y) = a \cdot \left(\frac{y-1}{y+1}\right)^2, \; y \neq -1.$$

9.3.4: Vor.: $x \geqq -1, x \neq 0$,

$$x = f(y) = \frac{-4y}{(y+1)^2}, \; y \neq -1.$$

9.4.1: Man zeichne $y_1 = x$, $y_2 = \sin x$ und addiere die zur gleichen Abszisse x gehörenden Funktionswerte.

9.4.2: analog **9.4.1.**

9.4.3: Man zeichne $y_1 = e^x$, $y_2 = \frac{1}{2} e^x$, $y_3 = \cos x$ und subtrahiere die entsprechenden Funktionswerte.

9.4.4: Man zeichne $y_1 = \sin x$, $y_2 = \sin 2x$ und verschiebe die Kurve um $\frac{\pi}{2}$ in Richtung der positiven x-Achse, wodurch man $y_3 = \sin\left(2x - \frac{\pi}{2}\right)$ erhält. Danach zeichne man $y_4 = y = 3 \cdot \sin\left(2x - \frac{\pi}{2}\right)$.

9.4.5: Die grafische Darstellung von $y = 2x - 1 = 2\left(x - \frac{1}{2}\right)$ erhält man durch Verschieben der grafischen Darstellung von $y = 2x$ längs der y-Achse um die Strecke (-1) oder längs der x-Achse um die Strecke $\frac{1}{2}$.

9.4.6: $y = 4x^2$ erhält man aus der grafischen Darstellung von $y = x^2$ durch Dehnung in Richtung der y-Achse (Dehnungsfaktor 4, weil $\frac{y}{4} = x^2$) oder durch Stauchung in Richtung der x-Achse $\left(\text{Stauchungsfaktor 2, weil } y = \left(\frac{x}{\frac{1}{2}}\right)^2\right)$

9.4.7: Der gesuchte Kreis wird aus $x^2 + y^2 = 25$ durch eine entsprechende zusammengesetzte Verschiebung gewonnen.

9.4.8: $y = 2^{x-3}$ erhält man durch Parallelverschiebung der Kurve $y = 2^x$ längs der x-Achse um die Strecke 3 oder durch Stauchung in Richtung der y-Achse (Faktor 8, weil $y = 2^{x-3} = \frac{1}{8} 2^x$).

9.5.1: $y = \begin{cases} x & \text{für } x \geqq 0, \\ -x & \text{für } x < 0 \end{cases}$

(Bild 9.16).

9.5.2: $y = \begin{cases} x+1 & \text{für } x \geqq 0, \\ -x+1 & \text{für } x < 0 \end{cases}$

(Bild 9.17).

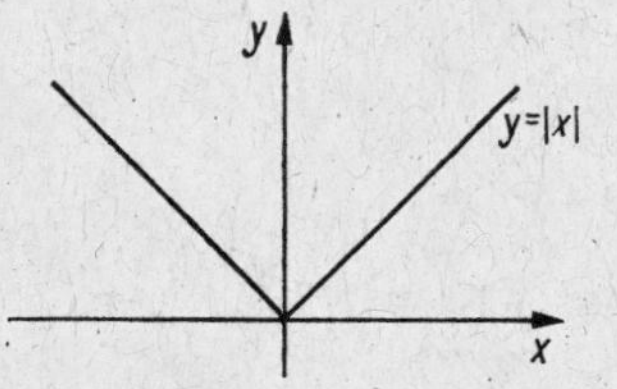

Bild 9.16

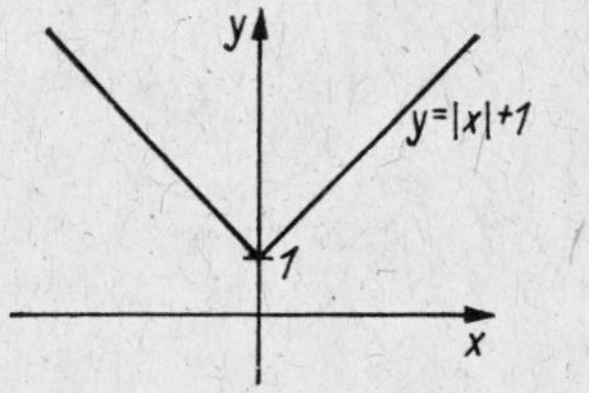

Bild 9.17

9.5.3: $y = \begin{cases} \sin(-x) & \text{für } -\pi \leqq x \leqq 0, \\ \sin x & \text{für } 0 < x \leqq \pi \end{cases}$ (Bild 9.18)

9.6.1: Ungerade Funktion (Bild 9.19).

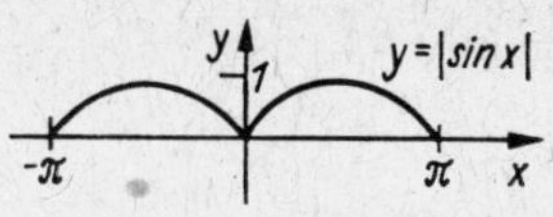

Bild 9.18

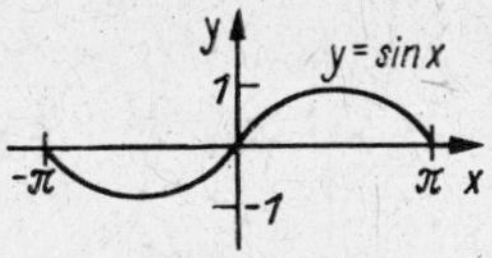

Bild 9.19

9.6.2: Gerade Funktion (Bild 9.20).
9.6.3: Gerade Funktion (Bild 9.21).

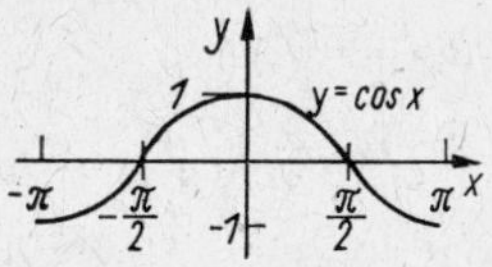

Bild 9.20

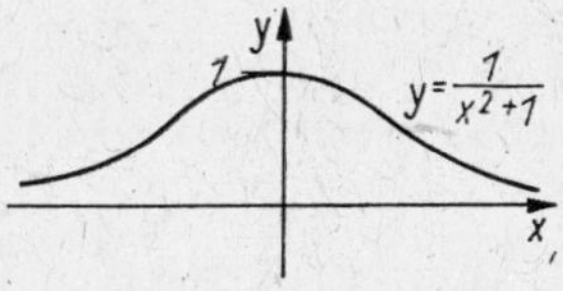

Bild 9.21

9.6.4: Gerade Funktion (Bild 9.22).
9.6.5: Weder gerade noch ungerade Funktion (Bild 9.23).

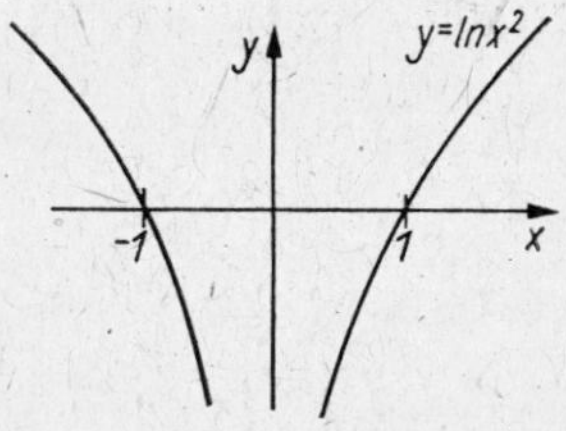

Bild 9.22

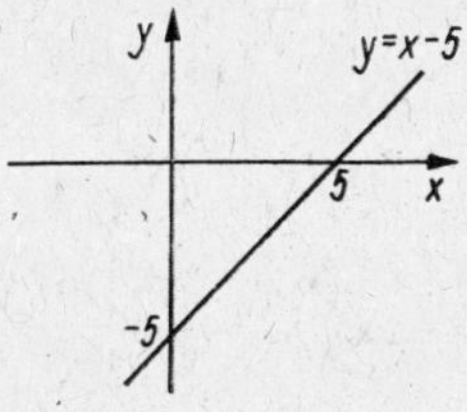

Bild 9.23

9.6.6: Ungerade Funktion (Bild 9.24).
9.6.7: Weder gerade noch ungerade Funktion (Bild 9.25).

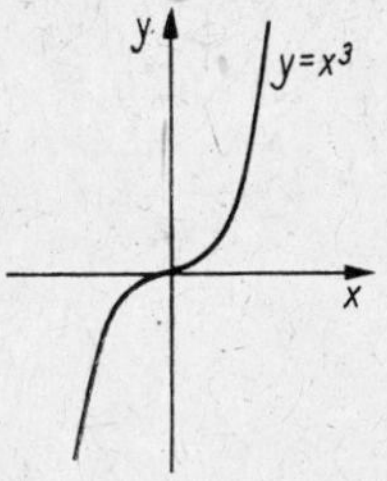

Bild 9.24

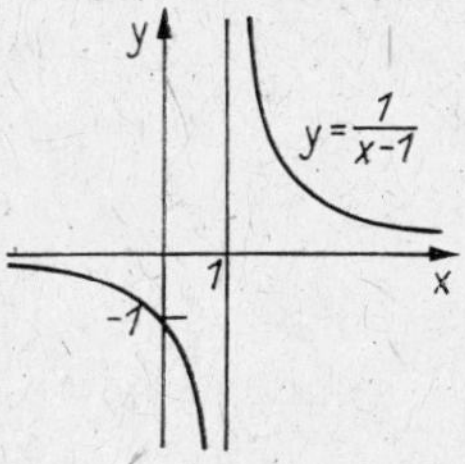

Bild 9.25

9.6.8: Weder gerade noch ungerade Funktion (Bild 9.26)
9.6.9: Gerade Funktion (Bild 9.27).

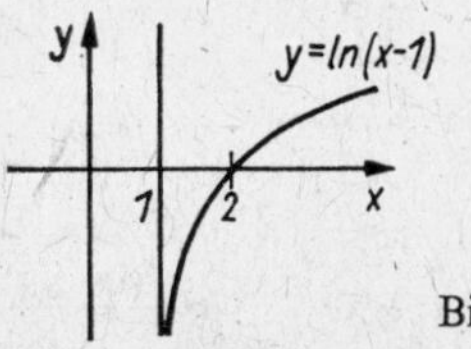

Bild 9.26

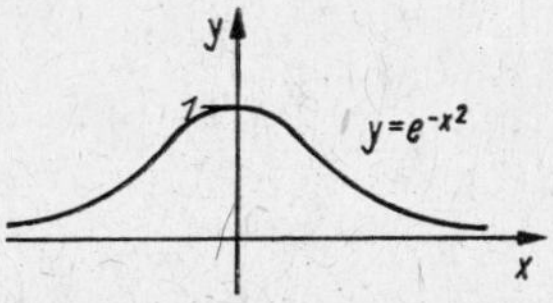

Bild 9.27

10: Ungleichungen und Beträge

10.1.1: $x > 5.$

10.1.2: $x > \frac{7}{2}.$

10.1.3: $x < 3.$

10.1.4: $x < -14.$

10.1.5: $x \geqq -\frac{15}{2}.$

10.1.6: $x \geqq 2$ und $x \leqq -1.$

10.2.1: $x < 3$ und $x \geqq 4.$

10.2.2: $x \geqq \frac{11}{4}$ und $x < 2.$

10.2.3: $x > -1$ und $x < -3.$

10.2.4: $x < -1$ und $\frac{1}{7} \leqq x < 1.$

10.2.5: $x > 1$ und $x \leqq -\frac{3}{4}.$

10.2.6: $x > 1$ und $x \leqq \frac{1}{8}.$

10.3.1: $1 < x < 3.$

10.3.2: $-1 < x < 5.$

10.3.3: $0 < x < 6.$

10.3.4: x bel., aber $x \neq 0$ und $x \neq 4.$

10.3.5: $x \leqq 1$, aber $x \neq -4.$

10.3.6: $-1 < x \leqq -\frac{1}{3}.$

10.3.7: $x > \frac{2}{3}$ und $x < 0.$

10.3.8: $x > \frac{3}{2}.$

10.4.1:

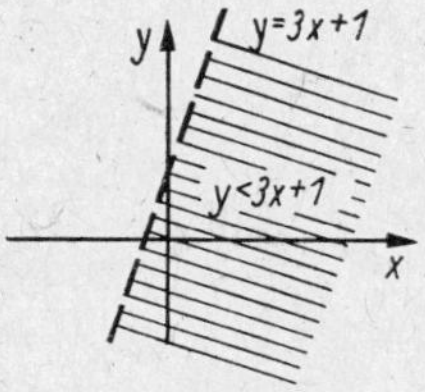

Bild 10.3

10.4.2:

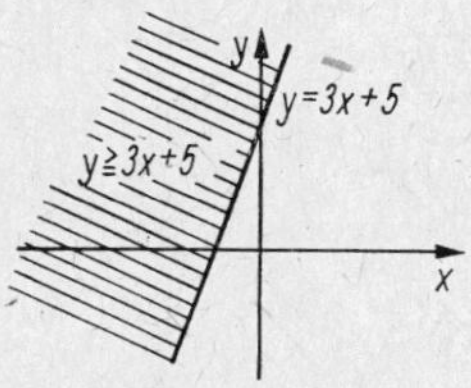

Bild 10.4

10.4.3:

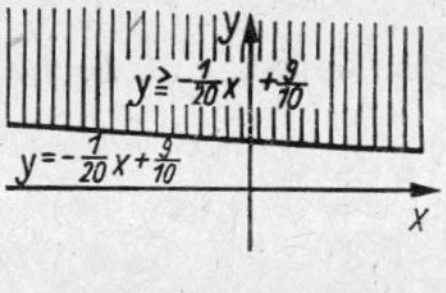

Bild 10.5

10.4.4:

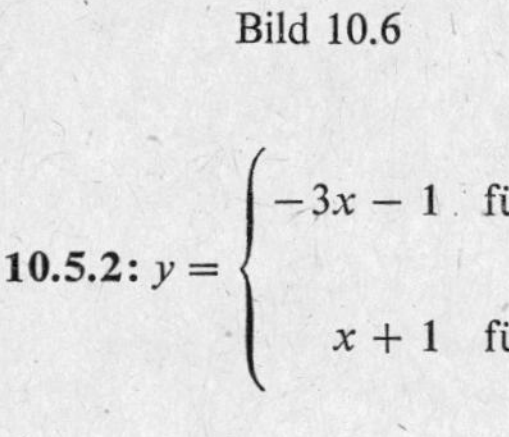

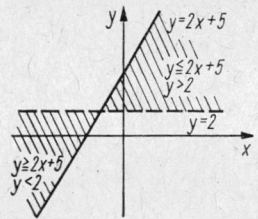

Bild 10.6

10.5.1: $y = \begin{cases} x + 1 & \text{für } x \geqq -\frac{1}{2}, \\ -3x - 1 & \text{für } x < -\frac{1}{2}. \end{cases}$

10.5.2: $y = \begin{cases} -3x - 1 & \text{für } x \geqq -\frac{1}{2}, \\ x + 1 & \text{für } x < -\frac{1}{2}. \end{cases}$

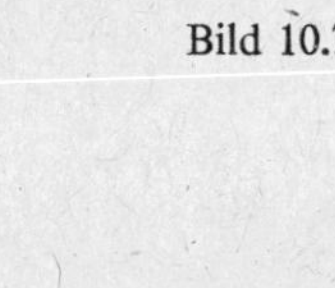

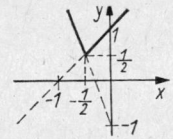

Bild 10.7

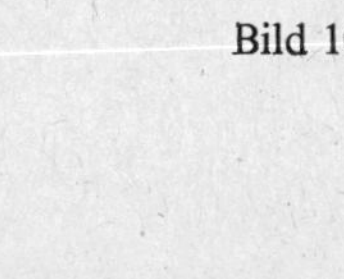

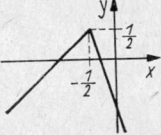

Bild 10.8

10.5.3: $y = \begin{cases} -x - 2 & \text{für } x \geqq -\dfrac{2}{3}, \\ 5x + 2 & \text{für } x < -\dfrac{2}{3}. \end{cases}$

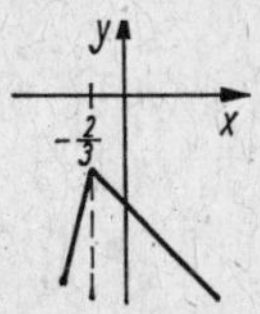

Bild 10.9

10.5.4: $y = \begin{cases} 5x - 7 & \text{für } x \geqq \dfrac{10}{7}, \\ \dfrac{1}{3}x - \dfrac{1}{3} & \text{für } x < \dfrac{10}{7}. \end{cases}$

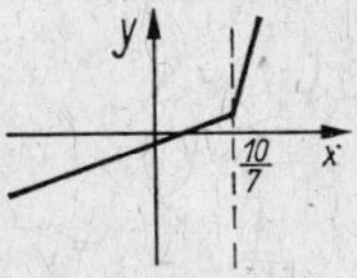

Bild 10.10

10.6.1: $y < 2x + 2 \quad \text{für } x \geqq -\dfrac{2}{3},$

$y < -4x - 2 \quad \text{für } x < -\dfrac{2}{3}.$

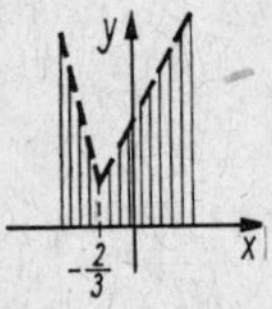

Bild 10.11

10.6.2: $y \leqq -x + 6 \quad \text{für } x \geqq 2,$

$y \leqq x + 2 \quad \text{für } x < 2.$

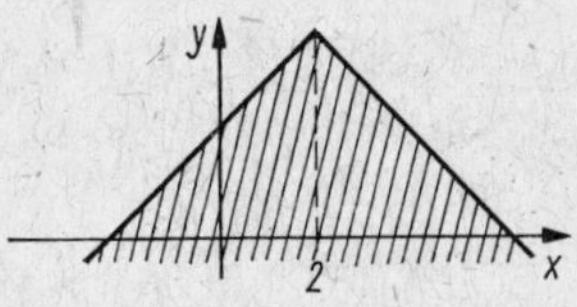

Bild 10.12

10.6.3. $y < -x + 5 \quad \text{für } y \geqq 2,$
$y > x - 1 \quad \text{für } y < 2.$

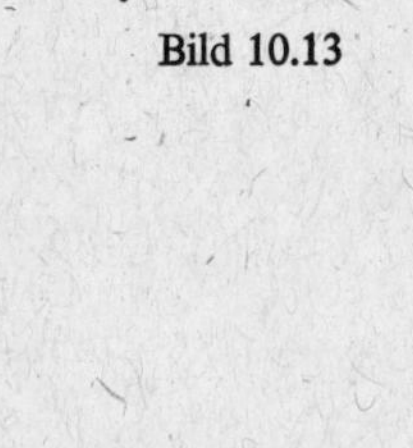

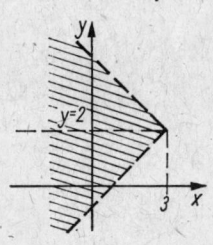

Bild 10.13

10.6.4: $y \leqq -x + 5 \quad \text{für } -3 \leqq x \leqq 0 \text{ und } 5 \leqq y \leqq 8;$

$y \geqq x + 5 \quad \text{für } -3 \leqq x < 0 \text{ und } 2 \leqq y < 5;$

$y \leqq x + 11 \quad \text{für } -6 \leqq x < -3 \text{ und } 5 \leqq y < 8;$

$y \geqq -x - 1 \quad \text{für } -6 < x < -3 \text{ und } 2 < y < 5.$

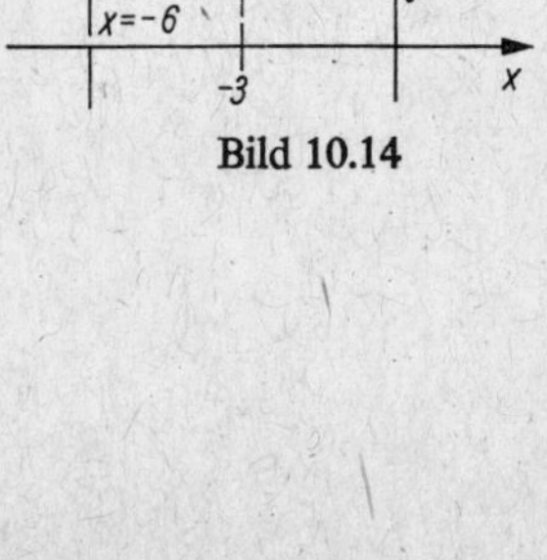

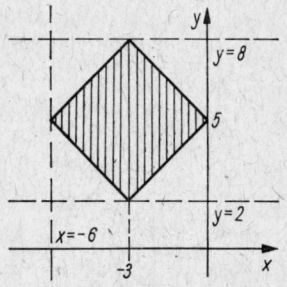

Bild 10.14

Literatur

[1] Mathematik. Lehrbuch für Klasse 8.

[2] Mathematik. Lehrbuch für Klasse 9.

[3] Mathematik. Lehrbuch für Klasse 10.

[4] Mathematik. Lehrbuch für Klasse 11.

[5] Mathematik. Lehrbuch für Klasse 12.
sämtl. Berlin: Volk und Wissen Volkseigener Verlag.

[6] *Sieber; Sebastian; Zeidler:* Grundlagen der Mathematik, Abbildungen, Funktionen, Folgen. Mathematik für Ingenieure, Naturwissenschaftler, Ökonomen und Landwirte, Band 1. 8. Aufl. Leipzig: BSB B. G. Teubner Verlagsgesellschaft 1988.

[7] *Manteuffel; Seiffart; Vetters:* Lineare Algebra. Mathematik für Ingenieure, Naturwissenschaftler, Ökonomen und Landwirte, Band 13. 7. Aufl. Leipzig: BSB B. G. Teubner Verlagsgesellschaft 1989.

[8] *May, W.:* Sammlung von Aufgaben aus der Elementarmathematik zur Vorbereitung auf das Studium an der Hochschule. Magdeburg 1973.

[9] *Schleßing, D.:* Ein Problem zum Übergang Schule – Hochschule. Dissertation. Dresden 1975.

[10] Selbststudienanleitung Mathematik, Heft 1–4, 2. Aufl. Berlin 1982.

I. N. BRONSTEIN † und K. A. SEMENDJAJEW, Moskau

Taschenbuch der Mathematik

23. Auflage, herausgegeben von G. GROSCHE, Leipzig, V. ZIEGLER † und D. ZIEGLER, Leipzig

XI, 840 Seiten mit 390 Abbildungen. 14,5 cm × 20 cm. 1987
Plasteinband 29,50 M; Ausland 36,– M

Bestell-Nr. 6659118 · Bestellwort: Bronstein, Taschenbuch

Inhalt: Tabellen und graphische Darstellungen (Tabellen · Bilder elementarer Funktionen · Gleichungen und Parameterdarstellungen elementarer Kurven) · Elementarmathematik (Elementare Näherungsrechnung · Kombinatorik · Endliche Folgen, Summen, Produkte, Mittelwerte · Algebra · Elementare Funktionen · Geometrie) · Analysis (Differential- und Integralrechnung von Funktionen einer und mehrerer Variabler · Variationsrechnung und optimale Prozesse · Differentialgleichungen · Komplexe Zahlen, Funktionen einer komplexen Veränderlichen) · Spezielle Kapitel (Mengen, Relationen, Funktionen · Vektorrechnung · Differentialgeometrie · Fourierreihen, Fourierintegrale und Laplacetransformation) · Wahrscheinlichkeitsrechnung und mathematische Statistik (Wahrscheinlichkeitsrechnung · Mathematische Statistik) · Lineare Optimierung (Aufgabenstellung der linearen Optimierung und Simplexalgorithmus · Transportproblem und Transportalgorithmus · Typische Anwendungen der linearen Optimierung · Parametrische lineare Optimierung · Numerik und Rechentechnik (Numerische Mathematik · Rechentechnik und Datenverarbeitung)

Ergänzende Kapitel zu

BRONSTEIN/SEMENDJAJEW

Taschenbuch der Mathematik

5. Auflage, herausgegeben von G. GROSCHE, Leipzig, V. ZIEGLER † und D. ZIEGLER, Leipzig

VI, 234 Seiten mit 49 Abbildungen. 14,5 cm × 20 cm. 1988
Plasteinband 13,– M; Ausland 19,80 M

Bestell-Nr. 6664566 Bestellwort: Bronstein, Ergänzungsbd.

Inhalt: Analysis (Funktionalanalysis · Maßtheorie und Lebesgue-Stieltjes-Integral · Tensorrechnung · Integralgleichungen) · Mathematische Methoden der Operationsforschung (Ganzzahlige lineare Optimierung · Nichtlineare Optimierung · Dynamische Optimierung · Graphentheorie · Spieltheorie · Kombinatorische Optimierungsaufgaben) · Mathematische Informationsverarbeitung (Grundbegriffe · Automaten · Algorithmen · Elementare Schaltalgebra · Simulation und statistische Versuchsplanung und -optimierung) · Dynamische Systeme (Grundideen · Dynamische Systeme in der Ebene · Stabilität · Bifurkation · Ljapunovfunktion)

BSB B. G. TEUBNER VERLAGSGESELLSCHAFT · LEIPZIG